无人机反制技术概论

深圳市无人机行业协会　组编

主　编　贾恒旦

副主编　姜化京　贾司晨

参　编　乔绍壮　汤善炜　兰赐映　叶　飞

　　　　吴泽霖　马育春　袁凯微　唐浩文

机械工业出版社
CHINA MACHINE PRESS

本书的编写从无人机反制应用需求出发，紧跟无人机反制技术的发展变化，着眼于保障低空经济领域的安全。

本书主要介绍了无人机反制的常用方法及相关实际应用场景，主要内容包括无人机的定义与应用场景、无人机合规飞行、无人机探测、无人机识别与跟踪、无人机反制常用技术、无人机反制设备及其应用。本书在编写时尽量选择我国近年来在无人机反制方面的实际研究成果，通过列举大量实例、浅显易懂的图示及叙述方式，读者可对无人机反制和无人机反制设备的使用有一个清晰的认识。本书中的部分知识还配有相关视频，读者可扫码观看。

本书内容通俗易懂、图文并茂、可读性与实用性较强，可作为职业院校和技工院校无人机、低空经济和人工智能相关专业的教材，也可作为无人机反制培训教材，还可作为无人机反制从业者与爱好者的参考用书。

本书配有电子课件和教案等资源，凡使用本书作为教材的教师可登录机械工业出版社教育服务网www.cmpedu.com注册后免费下载。

图书在版编目（CIP）数据

无人机反制技术概论 / 深圳市无人机行业协会组编 ；
贾恒旦主编. -- 北京 ：机械工业出版社，2025.5.
ISBN 978-7-111-78398-5

I. V279

中国国家版本馆 CIP 数据核字第 2025CY4342 号

机械工业出版社（北京市百万庄大街22号　邮政编码100037）
策划编辑：黄倩倩　　　　　　　　　责任编辑：黄倩倩　许　爽
责任校对：张勤思　王　捷　景　飞　封面设计：马精明
责任印制：李　昂
涿州市殷润文化传播有限公司印刷
2025年7月第1版第1次印刷
184mm×260mm·8印张·192千字
标准书号：ISBN 978-7-111-78398-5
定价：45.00 元

电话服务　　　　　　　　　　网络服务
客服电话：010-88361066　　　机　工　官　网：www.cmpbook.com
　　　　　010-88379833　　　机　工　官　博：weibo.com/cmp1952
　　　　　010-68326294　　　金　书　网：www.golden-book.com
封底无防伪标均为盗版　　　机工教育服务网：www.cmpedu.com

序

从 20 世纪 60 年代中国研发出第一架无人机以来，中国无人机产业迅猛发展。据深圳市无人机协会调研并综合相关单位统计，2024 年，因为低空经济政策的推动，无人机行业发展迅速，全年产值约为 2100 亿元，增长幅度为 39.5%。目前登记在册的无人机保有量超过 300 万架，累计完成飞行 2666 万 h，同比增长 15%。中国的民用无人机出口量已多年位居世界第一，在无人机领域的专利申请量约占全球的 70% 以上，成为全球无人机第一大技术来源国。中国在民用无人机领域的表现尤为突出，超过了全球其他国家和地区民营无人机企业的总和。随着无人机应用技术的不断提升，中国的民用无人机正在以惊人的速度与方式影响着世界，引领着世界的潮流。

中国无人机的产量更是增长迅速，深圳成了名副其实的全球无人机制造业高地，已经具备了完整的产业链。人们都说"不出南山，即可造出一架无人机"，这得益于深圳建设了消费类无人机、工业级无人机等产品门类齐全，集研发、设计、制造、试飞及运营一体化的完整产业链。经过多年积累，中国民用无人机在研发、制造领域已经形成了较大优势，销售额占全球的 70% 以上，成为全球民用无人机市场的主要生产国和出口国。

2021 年 10 月 28 日，深圳市无人机行业协会发布了中国首部《低慢小无人机探测反制系统通用要求》团体标准。2023 年 5 月 31 日，中华人民共和国国务院、中华人民共和国中央军事委员会颁布了《无人驾驶航空器飞行管理暂行条例》，自 2024 年 1 月 1 日起施行。条例中，第一章总则的第一条指出：为了规范无人驾驶航空器飞行以及有关活动，促进无人驾驶航空器产业健康有序发展，维护航空安全、公共安全、国家安全，制定本条例。2025 年是中国低空经济历史性的关键节点，标志着低空经济正式迈入落地发展元年。随着低空飞行活动日益频繁，空域安全、航线安全以及无人机飞行作业的有序化、安全化等问题逐渐显现，成为制约低空应用规模化发展的瓶颈。这些问题若得不到有效解决，不仅会阻碍低空经济的健康发展，还可能对人民群众的生命财产安全构成潜在威胁。在此背景下，作为保障低空飞行安全的重要手段，无人机反制技术的重要性愈发凸显，已经成为无人机行业关注的焦点。

当前我国在无人机反制领域的教育与培训还存在不足。为此，当务之急是迅速地组建开设无人机反制课程的专门航空院校，或者在相关职业院校专门设立无人机反制专业和无人机反制教研室，提前为无人机反制技术部门培养和储备大批优秀人才。

《无人机反制技术概论》以培养无人机反制领域高素质人才为目标，由浅入深地传授无人机反制技术的相关知识和技能。为了保证书稿的质量，本书的编者汇集了国内无人机反制领域顶尖的企业专家、学者。在内容选择上，本书严格按照相关要求，尽力展现世界上无人机反制技术领域的最新成果。

法国欧洲科学、艺术与人文学院院士
世界无人机大会主席
深圳市无人机行业协会创会会长：

前 言

近年来，低空经济作为全球竞逐的产业方向，迎来了多方布局，成为新质生产力的重要组成部分，以无人机产业为主体的低空经济得到了快速发展。"十三五"期间，我国无人机技术快速进步和商业化应用大力推广，使得无人机产业发展态势强劲，年均增长率超过20%，低空经济的年复合增长率持续保持在较高的水平，预计2025年我国无人机产业链市场规模将达到2000亿元，这预示着无人机产业未来存在巨大的发展潜力。无人机产业为我国低空经济领域注入了新的活力，同时正在成为这一领域一个新的增长极。

无人机产业是促进低空经济领域发展的重要力量，随着低空经济的持续推进，无人机应用在各个领域百花齐放，除了在农林植保、电力巡检和应急救援这些传统领域保持稳步增长外，在物流运输、空中游览、交通管理、航空运动和医疗救护等新业态产业领域也实现了加速发展。此外，在个人消费、地理测绘和影视航拍等领域的应用基础上，通信中继、气象探测、环境保护、抗震救灾和城市规划等应用场景不断被开发，无人机物流配送已经开始实现规模化应用。相信随着相关技术的不断进步和政策的逐步完善，无人机将在低空经济领域得到更广泛的应用。

无人机与无人机反制之间是"矛"与"盾"的较量，是一种高层次的斗智和斗法。无人机反制技术是一门综合了人工智能等高新技术的复合型新学科，也是一个安全防范型的新兴产业。然而，无人机反制行业的专业人才建设却远远跟不上行业快速崛起的速度，市场上有关无人机反制技术的专业教材和相关书籍屈指可数。为此，在深圳市无人机行业协会的指导下，由上海特金无线技术有限公司、理工全盛（北京）科技有限公司、湖南坤雷科技有限公司和苏州世利安科技有限公司共同编写了本书。

本书以通俗的方式向读者全面介绍了无人机反制的基本原理和基本方法。在内容选择上，深入浅出，与时俱进，以简洁的表述方式阐述了国内近年来在无人机反制应用方面的最新成果；在结构编排上，以兴趣为导向，循序渐进；在编写特色上，本书图、文和视频三者合一。

本书的主要内容包括五个部分：一是无人机的定义与应用场景，读者可对无人机的定义和实际应用产生清晰的认知；二是无人机合规飞行，读者可了解无人机合规飞行的重要性；三是无人机探测、识别与跟踪，介绍了各种无人机探测、识别与跟踪的原理及方法；四是无人机反制常用技术，介绍了无人机反制的原理及常用方法，读者应了解并掌握各种无人机反制技术；五是无人机反制设备及其应用，介绍了国内最新无人机反制设备，读者应了解并掌握各种无人机反制设备的使用方法。

在本书编写过程中，深圳市无人机行业协会会长杨金才给予了大力支持，在此深表感谢！

无人机反制技术发展非常快，新思想、新技术、新观点和新产品不断涌现，本书力求能够比较全面地介绍、普及无人机反制的主要技术、应用场景和应用方法，但由于编者水平有限，书中难免存在不足之处，恳请广大读者批评指正。

编 者

二维码清单

名称	图形	名称	图形
1. 丹江口		9. TDOA+AOA 融合定位设备	
2. 武汉景色		10. 无人机探测与反制一体装备	
3. 大学生军训		11. 无线电信号探测设备	
4. 北上广		12. 手持式无人机察打一体设备	
5. 无人机集群表演		13. 无人机防御系统1	
6. H1L 手持式无人机定位设备		14. 无人机防御系统2	
7. 手提式无人机探测、定位设备		15. 无人机防御系统3	
8. 固定式无人机探测、定位设备		16. 网格化管控平台	

目　录

第1章 无人机的定义与应用场景

1.1 无人机的定义

2021年，中国民用航空局对无人机的定义：无人机（Unmanned Aircraft，UA）是指没有机载操控员操控，自备飞行控制系统，并由遥控台（站）管理的航空器。

1.2 无人机的应用场景

无人机常用于航拍、监控、巡线/巡检、替代人工、编队、物流、植保和消防等应用场景。

一、航拍

航拍又称空中摄影或航空摄影，是指从空中拍摄地球地貌，获得的俯视图即为空照图。

1）无人机从拍摄景象的上方，将无人机下方日出云海的景色收入视野中，拍出令人震撼的画面，如图1-1所示。

2）随着生态环境质量的不断提高，鸟类数量也逐渐增多，无人机在航拍时，拍摄到了群鸟齐飞的壮观场面，如图1-2所示。

图 1-1　日出云海

图 1-2　群鸟齐飞

3）三面环山，风景秀丽，山清水秀，树影倒映，林木茂密，鸟语花香，空气清新，山泉顺流而下，充满着勃勃生机，南水北调中线工程的水源地——丹江口水库等美景的航拍图如图 1~3~ 图 1-6 所示。

图 1-3　风景秀丽

图 1-4　林木茂密

图 1-5　山泉顺流而下

图 1-6　丹江口水库

丹江口

4）武汉两江四岸、东湖和长江、汉江交汇处的航拍图如图 1-7~ 图 1-9 所示。

图 1-7　长江

图 1-8　东湖

武汉景色

5）高空俯瞰。

①高空俯瞰学生军训的方阵，画面十分壮观，如图 1-10 和图 1-11 所示。

图 1-9　长江、汉江交汇处

图 1-10　军训方阵列队

②高空俯瞰中央广播电视总台，如图 1-12 所示。

图 1-11　军训方阵行进中

图 1-12　俯瞰中央广播电视总台

大学生军训

③清晨，高空俯瞰上海，如图 1-13 所示。

图 1-13　高空俯瞰上海

北上广

二、监控

1）无人机监控配置设备通常包括高清摄像机和红外线探测仪，如图 1-14 所示。

图 1-14　无人机监控配置设备

2）无人机化身"空中交警"。通过无人机在空中拍摄的画面，道路实时交通一览无遗，如图 1-15 所示。无人机通过 4G 数据传输与通信系统将数据同步传回后方指挥部，交警在监控大厅里就能实时监控城市道路交通运行的情况，如图 1-16 所示。

无人机拍摄到车辆跨线行驶的违章证据，如图 1-17 所示。无人机拍摄到违章车辆的车牌号，如图 1-18 所示。

图 1-15   实时监控道路交通

图 1-16   实时监控城市道路

图 1-17   车辆违章证据

图 1-18   违章车辆的车牌号

3）无人机对成品油罐和管道进行监控，如图 1-19 所示。

4）无人机对室外山地沿线的施工进行监控，如图 1-20 所示。

图 1-19   监控成品油罐和管道

图 1-20   监控施工

三、巡线／巡检

1）无人机对高压线路进行巡检，及时发现故障并处置，如图 1-21、图 1-22 所示。

图 1-21   飞向高压电塔

图 1-22   围绕高压电塔巡检

2）无人机对地下石油管道沿线进行巡检，如图 1-23 所示。

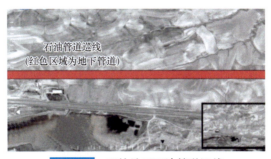

图 1-23　巡检地下石油管道沿线

四、替代人工

1）无人机可以替代人工搬运砖头上山，如图 1-24 所示。

2）无人机可以替代人工更换电灯泡，如图 1-25 所示。

图 1-24　无人机搬运砖头上山

图 1-25　无人机更换电灯泡

3）无人机作为空中平台，可以安装、使用 3D 打印机，在空中打印建筑，如图 1-26 所示。

图 1-26　无人机在空中打印建筑

五、编队

无人机编队实际上就是无人机智能集群，而设计无人机智能集群的灵感来源于自然界的生物集群，如成群迁徙的角马（图 1-27）、结队飞行的鸽子（图 1-28）、齐游的鱼群（图 1-29）和采蜜的蜂群（图 1-30）等，这些集群具有的共同特点是虽然每个单体都很弱小，也不具备智能思维，却有着强大的群体协作能力，这一现象催生了无人机智能集群的问世。

图 1-27 　成群迁徙的角马

图 1-28 　结队飞行的鸽子

图 1-29 　齐游的鱼群

图 1-30 　采蜜的蜂群

1）无人机集群灯光秀如图 1-31 所示。

图 1-31 　无人机集群灯光秀

2）无人机集群随着音乐旋律表演舞蹈，如图 1-32 所示。

图 1-32 　无人机集群表演舞蹈

无人机集群
表演

图 1-32　无人机集群表演舞蹈（续）

六、物流

无人机物流是无人机自动将快递送达目的地，可解决偏远地区的配送问题，提高配送效率，同时减少人力运送成本，如图 1-33 所示。

七、植保

无人机植保的作业效率高，植保无人机喷洒速度是目前传统人工喷洒速度的百倍，将逐步取代传统人工喷洒农药的作业，如图 1-34 所示。

图 1-33　无人机物流　　　　　　　　图 1-34　无人机植保

八、消防

1）无人机可以对山地和森林等车、人无法到达的区域进行监测，便于及时发现火情，如图 1-35 所示。

2）无人机可以监测火场火情，还能解决高层建筑灭火困难的问题，如图 1-36 所示。

图 1-35　监测山地和森林　　　　　　图 1-36　无人机灭火

九、石油管道施工管控平台

石油管道施工属于野外作业，管道线路长、监管难度大，通过运用龙慧无人机飞控平台（图1-37），可以实现对石油管道施工的实时监控，还能够对地面建筑进行三维实时成像，如图1-38所示。

图 1-37　龙慧无人机飞控平台

图 1-38　地面建筑三维实时成像

（图片源自：科比特航空）

该平台可以按照石油管道施工的不同阶段进行分别管理（图1-39），还能将石油管道施工的规划线路与实际施工线路进行比对，如图1-40所示。

图 1-39　施工分别管理

图 1-40　规划线路与实际施工线路的比对

（图片源自：科比特航空）

图1-41所示为将规划中的焊接点与现场采集的焊接点进行比对。无人机可以对施工中挖出的土方进行测量，如图1-42所示。

图 1-41　规划焊接点与现场采集焊接点的比对

图 1-42　土方测量

（图片源自：科比特航空）

十、军事

无人机凭借作战效费比高、伤亡风险低和生存能力强等优势，频繁出现在近期发生的几场局部战争中，并逐步从战场的配角演变成主战装备。

1）无人机可以实现战地侦察、打击，如图 1-43 所示。

图 1-43　无人机战地侦察、打击

2）无人机可以携带炸弹（图 1-44）、火箭弹（图 1-45）、机载火箭筒（图 1-46）等多种作战武器（图 1-47），直接参加战斗。

图 1-44　无人机携带炸弹

图 1-45　无人机携带火箭弹

图 1-46　无人机携带机载火箭筒

图 1-47　无人机携带多种作战武器

3）传统无人机传输数据时完全依赖无线电信号，很容易受到针对性的攻击，2024 年 11 月问世的光纤无人机使用光纤线缆传输数据，其连接更加安全、稳定，且不容易受到无人机反制（Counter-UAV）的影响，其最大特点是抗干扰能力强，如图 1-48 所示。

十一、载人

载人无人机可用作短途观光、旅游等的交通运输工具，如图 1-49 所示。

图 1-48　光纤无人机

（图片源自：深圳市真速通信技术公司）

图 1-49　载人无人机

拓 展 阅 读

我国军用无人机的发展历程

我国军用无人机的发展经历了从仿制到自主研发，从试制到开发新型无人机，并在国内形成了完整体系的过程。

起步阶段（1965—1990 年）：以高等学校为依托，建立了无人机研究机构，开始了无人机研制。1958 年，我国成功研制出了"柳叶飞机"，这是一种简单的飞翼式无人机，主要用于侦察。1985 年，我国成功研制出了首个具有远程控制能力的"远程无人机"，这种无人机可以在 200km 范围内进行侦察任务。

发展阶段（1990—2010 年）：1999 年，我国成功研制出了"翼龙 -1"多功能侦察无人机和"彩虹""猎鹰"系列新型无人机等。

成熟阶段（2010 年至今）：我国军用无人机研发有了重大的突破，研发并生产了"彩虹 -4"无人机、"彩虹 -5"无人机、"翼龙 -11""翼龙 -18"无人机和"利剑"隐身无人攻击机等。

复 习 思 考 题

一、填空题

1. 无人机的英文缩写为_____。

2. 植保无人机_____速度是目前传统的_____速度的百倍。

3. 无人机物流是无人机能自动将快递送达目的地，解决_____地区的_____问题。

4. 无人机编队实际上就是无人机_____。

5. 无人机解决了监测_____及高层建筑_____的问题。

二、简答题

1. 无人机为什么被称为空中机器人？

2. 你能想出无人机还能在哪些应用场景中发挥作用？

3. 无人机能否实现空、地和水下协同应用？

4. 光纤制导无人机为什么不容易被反制？

第 2 章　无人机合规飞行

2.1　无人机飞行政策法规

2024 年 1 月 1 日起，由中华人民共和国国务院、中华人民共和国中央军事委员会颁布的《无人驾驶航空器飞行管理暂行条例》（国令第 761 号）（以下简称"《条例》"）正式施行。

单位和个人飞行无人机，应依法合规飞行，不得危害公共安全。对于违法违规飞行，公安机关将依据《中华人民共和国治安管理处罚法》和《无人驾驶航空器飞行管理暂行条例》等法律法规予以处罚，构成犯罪的将依法追究其刑事责任。

无人机相关的政策法规有：《民用无人驾驶航空器运行安全管理规则》《中华人民共和国民用航空法》《中华人民共和国治安管理处罚法》《中华人民共和国民法典》《中华人民共和国保守国家秘密法》《通用航空飞行管制条例》和《中华人民共和国测绘法》等。

2.2　无人机合规飞行指导

一、飞行无人机应实名登记

根据《条例》规定，民用无人驾驶航空器所有者应当依法进行实名登记。无人机不分类型和重量，都应当在飞行前对其所有人进行实名注册登记。

飞行无人机实名登记流程如下：

进入民用无人驾驶航空器综合管理平台（UOM）→登录后进入首页→单击右上角登记管理→实名登记→注册品牌无人机→录入所有人信息→人脸识别认证→填写无人驾驶航空器信息和使用用途→根据要求上传无人机照片→完成注册。

二、无人机在规定区域飞行应申报

国家根据需要划设无人驾驶航空器管制空域（以下简称管制空域）。真高 120 米以上空域，空中禁区、空中限制区以及周边空域，军用航空超低空飞行空域等划设为管制空域。如需在管制空域范围内飞行的，需提前向对应飞行管制分区的空中交通管理机构提出飞行活动申请，得到许可后方可飞行。

1. 空中管制区域

1）机场以及周边一定范围的区域。

2）国界线、实际控制线、边境线向我方一侧一定范围的区域。

3）军事禁区、军事管理区、监管场所等涉密单位以及周边一定范围的区域。

4）重要军工设施保护区域、核设施控制区域、易燃易爆等危险品的生产和仓储区域，以及可燃重要物资的大型仓储区域。

5）发电厂、变电站、加油（气）站、供水厂、公共交通枢纽、航电枢纽、重大水利设施、港口、高速公路、铁路电气化线路等公共基础设施以及周边一定范围的区域和饮用水水源保护区。

6）射电天文台、卫星测控（导航）站、航空无线电导航台、雷达站等需要电磁环境特殊保护的设施以及周边一定范围的区域。

7）重要革命纪念地、重要不可移动文物以及周边一定范围的区域。

8）国家空中交通管理领导机构规定的其他区域。

2. 适飞空域

针对微型、轻型、小型无人驾驶航空器，《条例》专门划设了适飞空域，真高 120 米以下（管制空域除外）为适飞空域，可自由飞行，无须提交飞行活动申请。

需要注意的是，组织微型、轻型、小型无人驾驶航空器在适飞空域内的飞行活动，如存在通过通信基站或者互联网进行无人驾驶航空器中继飞行、运载危险品或者投放物品（常规农用无人驾驶航空器作业飞行活动除外）、飞越集会人群上空、在移动的交通工具上操控无人驾驶航空器、实施分布式操作或者集群飞行 5 种情形的，也应当提出飞行活动申请。

3. 飞行申报流程

2023 年 12 月 31 日，中国民航局发布《中国民用航空局关于民用无人驾驶航空器监管服务有关事宜的公告》，该文件中指出，组织无人驾驶航空器飞行活动的单位或个人，应当在拟飞行前 1 日 12 时前通过民用无人驾驶航空器综合管理平台（UOM）提出飞行活动申请。登录后进入首页→单击右上角运行管理→飞行活动申请→一般飞行活动。

4. 操控小型、中型、大型民用无人驾驶航空器应具备的条件

根据《条例》第十六条规定，操控小型、中型、大型民用无人驾驶航空器飞行的人员应当具备下列条件，并向国务院民用航空主管部门申请取得相应民用无人驾驶航空器操控员（以下简称操控员）执照：

1）具备完全民事行为能力。

2）接受安全操控培训，并经民用航空管理部门考核合格。

3）无可能影响民用无人驾驶航空器操控行为的疾病病史，无吸毒行为记录。

4）近 5 年内无因危害国家安全、公共安全或者侵犯公民人身权利、扰乱公共秩序的故意犯罪受到刑事处罚的记录。

从事常规农用无人驾驶航空器作业飞行活动的人员无需取得操控员执照，但应当由

农用无人驾驶航空器系统生产者按照国务院民用航空、农业农村主管部门规定的内容进行培训和考核，合格后取得操作证书。

违反《条例》规定，未取得操控员执照操控民用无人驾驶航空器飞行的，民用航空管理部门将依法进行处罚。未成年人违规飞行将处以罚款。无民事行为能力人只能操控微型民用无人驾驶航空器飞行，限制民事行为能力人只能操控微型、轻型民用无人驾驶航空器飞行。无民事行为能力人操控微型民用无人驾驶航空器飞行或者限制民事行为能力人操控轻型民用无人驾驶航空器飞行，应当由符合《条例》第十六条规定条件的完全民事行为能力人现场指导。

2.3　影响无人机飞行安全的因素

一、环境

1）风是影响无人机飞行安全的重要因素，特别是风力为 4~6 级的风，会对无人机的稳定性和操控性造成较大影响。

2）温度、湿度和气压等气象因素可能对无人机的性能产生影响。

3）复杂的地形和建筑物可能对无人机的飞行造成干扰。

二、设备

1）无人机硬件。无人机的机械结构和电子元器件等硬件设备的性能和质量直接影响其飞行安全。

2）软件系统。无人机的飞行控制系统、导航系统和通信系统等软件系统的稳定性和可靠性也是飞行安全的关键。

三、人员

1）操作技能。操控员的专业技能和经验对无人机的飞行安全至关重要。缺乏足够训练或经验不足的操控员可能无法有效应对突发情况，进而导致飞行事故。

2）法规意识。无人机用户需要严格遵守相关法律法规，违规飞行可能会导致安全事故，甚至触犯法律。

四、信息安全

随着无人机技术的快速发展，信息安全问题也日益凸显。无人机系统的多层次和多元化构成，使得攻击者有可能通过漏洞利用任何一个组成部分，从而对整个系统进行入侵或破坏。这可能导致无人机失控、非法闯入敏感设施或对大型公共活动进行干扰等严重后果。

五、其他

1）电磁干扰。电磁干扰可能影响无人机的通信系统和导航系统，导致飞行异常或失控。

2）动物干扰。鸟类等飞行动物可能与无人机发生碰撞，对无人机造成损坏或导致其失控。

3）电池性能。电池性能直接影响无人机的飞行时间和稳定性。电池老化、过热或损坏可能导致无人机突然失去动力而坠落。

2.4　无人机的非法使用行为

一、非法侵入

作为空中机器人，无人机能够帮助人类完成许多工作。但是随着无人机技术的发展，非法使用无人机对政府部门、机场、油田和部队等构成了威胁。

1）2015 年 1 月 26 日，一架小型无人机飞入美国白宫，如图 2-1 所示。

2）2015 年 4 月 22 日，一架小型无人机坠落至日本首相官邸屋顶。据报道，该无人机直径约 50cm，大批警察聚集在日本首相官邸屋顶上方，而无人机被蓝色防水布所遮盖，如图 2-2 所示。日本媒体称，日本警方未在无人机上发现任何爆炸装置，但无人机携带了一个摄像头、一只塑料瓶以及发烟器，据调查人员透露，瓶子上有核辐射标志。

图 2-1　无人机飞入美国白宫

图 2-2　无人机飞入日本首相官邸屋顶

3）2019 年 9 月 14 日，沙特东部城市达曼附近的布盖格炼油厂和胡赖斯地区的一处油田遭到无人机袭击，导致沙特原油供应日减产 570 万桶，几乎占沙特石油日产量的 50%，如图 2-3 所示。

图 2-3　无人机袭击油田

二、影响飞行安全

无人机飞入机场净空区，必然会影响民航飞行安全。

1. 影响航班

2017 年 5 月 12 日，重庆江北机场遇无人机"黑飞"，受影响航班达 200 多架次，上万名旅客出行受到影响。

2024 年 9 月 11 日，天津滨海机场受到无人机"黑飞"影响，导致当日航班大面积取消，如图 2-4 所示。

2. 客机受损

2017 年 1 月 5 日当地时间下午 5 时 15 分，莫桑比克航空一架波音 737-700 客机在降落太特机场时与无人机相撞，经过驾驶员和机场人员共同努力，客机最终安全着陆，机上 80 余人无人受伤。着陆后，经过机场地勤人员专业、严格的检查，发现客机机首鼻锥处出现了严重受损，如图 2-5 所示。

图 2-4　天津滨海机场无人机"黑飞"

图 2-5　客机与无人机相撞

3. 非法运送毒品

2024 年 8 月，美国联邦检察官以无人机向监狱运送违禁物品为由起诉了 23 人，当局称这些人涉嫌利用无人机偷偷把毒品和手机等违禁物品运送进了美国佐治亚州的监狱。

2.5　无人机在战争中的应用

一、经典战例

将无人机用于军事并非以色列首创，但是把无人机战术、战法在战场上用好、用活、用绝的却是以色列。

1973 年 10 月，在第 4 次中东战争期间，以色列和埃及、叙利亚之间不存在战机上的代差，埃及和叙利亚还有撒手锏武器——萨姆 -6 导弹，这款导弹为击落以色列战机立下了汗马功劳。埃及和叙利亚军队曾经配备了雷达和配套的萨姆-6导弹，而雷达是萨姆-6导弹的眼睛，只要以色列战机在飞行过程中被雷达盯上就难逃被击落的厄运，就这样先后打下了数十架以色列战机，以色列空军对埃及和叙利亚配备的雷达（图2-6）和配套的萨姆-6导弹（图2-7）群十分忌惮。

图2-6　雷达

图2-7　萨姆-6导弹

贝卡谷地是位于黎巴嫩东部叙利亚边境地区的一个山谷，是历史上著名的战略要地，如图2-8所示。

图2-8　黎巴嫩贝卡谷地

1982年6月9日，为了应对叙利亚部署在黎巴嫩贝卡谷地的雷达和配套的萨姆-6导弹群，经过长期思考，以色列空军终于想出了对策。

先让一批无人机起飞作为前导（诱饵），促使叙利亚军队打开雷达，发射萨姆-6导弹，以色列的无人机接二连三地被击中坠地。然而正当叙利亚官兵为他们取得的"胜利"高兴时，突然惊奇地发现，几个坠落在地上的"战利品"竟是塑料制品。

"侦察员"无人机（图2-9）和"猛犬"无人机（图2-10）立即把截获雷达的无线电信号和位置传给早已等候在空中的E-2C"鹰眼"预警机（图2-11），再由其将信息传递给F-4"鬼怪"战斗机，如图2-12所示。F-4"鬼怪"战斗机获得信息后，立即发射"百舌鸟"反辐射导弹，如图2-13所示。

图2-9　"侦察员"无人机

图2-10　"猛犬"无人机

图 2-11 E-2C "鹰眼" 预警机

图 2-12 F-4 "鬼怪" 战斗机

图 2-13 "百舌鸟" 反辐射导弹

整个战斗前后只用了 6min，就让叙利亚苦心经营 10 年，耗资 20 亿美元建立起来的 19 个萨姆 -6 导弹连和 228 枚导弹瞬间消失了。

在这次空战中，以色列还击落了叙利亚 82 架战机，并创造了零伤亡的战绩，使无人机在军事领域身价倍增。这是无人机首次出现在世界空战中，也是世界空战乃至世界军事史上最成功的经典案例。

二、配角变成主角

1）2020 年 9 月，阿塞拜疆与亚美尼亚两国间爆发了纳卡冲突。最初，无人机作为配角，只承担侦察任务，火力打击主要由有人飞机来完成。而在后面的冲突中，无人机逐渐从配角转变成了主角，阿塞拜疆军队对亚美尼亚军队 75% 以上的攻击都是由无人机完成的。此外，在本次冲突中，无人机直接击毁了参战的坦克，这无疑在无人机作战史上写下了浓墨重彩的一笔。如图 2-14 所示。

图 2-14 无人机直接击毁坦克

2）在第聂伯罗彼得罗夫斯克州，俄罗斯使用 "柳叶刀" 无人机摧毁了乌克兰 ST-68U 雷达，如图 2-15 所示。

图 2-15   "柳叶刀"无人机摧毁 ST-68U 雷达

拓 展 阅 读

未来无人机像飞鸟一样轻捷智能

第一架采用完全视觉控制的神经形态 AI 无人机如图 2-16 所示，这驾无人机采用了基于动物大脑工作原理的神经形态图像处理器来控制自主飞行。与目前在 GPU（图形处理单元）上运行的深度神经网络相比，动物大脑使用的数据和能量更少。

神经形态图像处理器非常适合小型无人机，完全不需要笨重的大型硬件和电池。在飞行过程中，这种无人机的深度神经网络处理器处理数据的速度比在 GPU 上运行时快 64 倍，而能耗仅为 GPU 的 1/3。

图 2-16   第一架采用完全视觉控制的神经形态 AI 无人机

（图片源自：荷兰代尔夫特理工大学）

复 习 思 考 题

一、填空题

1. ____年__月__日起，由中华人民共和国_____、中华人民共和国中央军事委员会颁布了《_____航空器_____暂行条例》（国令第____号）。

2. _____和_____飞行无人机，应_____飞行，不得_____。对于违法违规飞行，公安机关将依据《中华人民共和国_____处罚法》和《无人驾驶航空器_____暂行条例》等_____予以处罚，构成_____的，将依法_____责任。

3. 根据《条例》规定，民用无人驾驶航空器_____应当依法进行_____。无人机_____和_____，都应当在_____对其所有人进行_____登记。

4. 从事_____无人驾驶航空器作业飞行活动的人员_____操控员执照，但应当由农用无人驾驶航空器系统生产者按照_____、_____主管部门规定的内容进行培训和考核，_____后取得操作证书。

5. 违反《_____》规定，_____操控员执照操控民用无人驾驶航空器飞行的，民用航空管理部门将_____进行_____。

6. 针对_____、_____、_____无人驾驶航空器，《条例》专门划设了适飞空域，真高____米以下（管制空域除外）为_____空域，可自由飞行，_____提交飞行活动申请。

7. _____是影响无人机飞行_____的_____因素，特别是风力在_____级之间的_____，会对无人机的_____和_____造成较大_____。

8. 无人机的_____和_____等_____设备的_____和_____其飞行_____。

9. 无人机的飞行_____、_____和_____等软件系统的_____和_____也是飞行安全的_____。

10. 无人机用户需要_____相关_____，_____可能_____事故，甚至_____。

二、简答题

作为无人机操控员，在合规飞行方面应该注意什么？

第 3 章　无人机探测

随着大量无人机装备广泛应用于战争，无人机反制已经成为各国低空经济保障和防空作战的焦点，而有效、精准且快速的探测是无人机反制的前提。

3.1　雷　　达

雷达的英文的全称是 Radio Detection and Ranging，缩写为 Radar，意为无线电探测和测距，如图 3-1 和图 3-2 所示。雷达是利用电磁波探测目标的电子设备。雷达能向目标发射电磁波并接收其回波，由此获得目标物体至电磁波发射点的距离、距离变化率（径向速度）、方位和高度等信息。

图 3-1　雷达外观

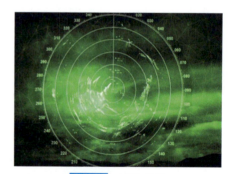

图 3-2　雷达扫描

一、雷达的工作步骤

1）发射信号。雷达天线以脉冲形式发射一束定向的无线电波。

2）捕获回波。当无线电波遇到目标物体时，一部分能量会反射回来，被雷达接收天线捕捉。

3）计算距离。通过测量发射无线电波和接收回波之间的时间差，可以计算出与目标物体之间的距离。距离 R 的计算公式为

$$R = \frac{c\Delta t}{2}$$

式中，c 为光速；Δt 为发射无线电波和接收回波之间的时间差。

二、计算速度

通过多普勒效应可以测量目标物体的相对速度，频率偏移 Δf 与速度 v 的关系为

$$\Delta f = \frac{2vf_0}{c}, \quad \text{即} \quad v = \frac{\Delta f c}{2f_0}$$

式中，f_0 为发射波的频率；c 为光速。

三、雷达确定方向

如图 3-3 所示，雷达可以通过使用天线阵列和波束形成技术来确定目标物体的方向（方位角和来仰角）。

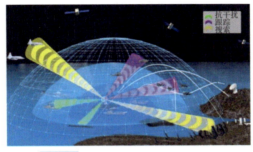

图 3-3　天线阵列和波束形成技术

四、雷达的分类

雷达分为军用雷达和民用雷达两类。

1. 军用雷达

（1）预警雷达　预警雷达属于远距离搜索雷达，一般采用 12MW 以上超高发射功率、高几十米宽几百米的电动扫描天线阵列，工作频率在特高频（UHF）和甚高频（VHF）波段，以减少大气吸收的损耗。因此，预警雷达的作用距离可达几千千米，配上相应的高性能计算机数据处理系统，预警雷达能在搜索的同时跟踪 100~200 个目标，主要用来发现远、中、近程弹道导弹，测定其瞬间位置、速度、发射点和弹着点等关键参数。预警雷达如图 3-4、图 3-5 所示。

图 3-4　预警雷达（一）

图 3-5　预警雷达（二）

（2）反炮兵雷达　反炮兵雷达的反应速度极快，通常在对方发射炮弹后的数秒内，就能对对方发射的火炮进行定位。

1）反炮兵雷达的工作原理。反炮兵雷达需要借助炮兵计算机推算出炮弹的弹道曲线（抛物线），从而确定对方的火炮位置。

2）反炮兵雷达的工作流程。

① 雷达在炮弹飞行的弹道中截取两个（或两个以上）点，获得这些点的三坐标位置及炮弹飞行速度、方向等数据。

② 雷达将截获的这些点的相关数据迅速传输给炮兵计算机，计算机可根据得到的数据推算出炮弹的弹道曲线。

③ 计算机结合数字地图的水平坐标及高程等数据，推算出弹道曲线的起始点——对方火炮的位置，其定位精度在米级误差之内。反炮兵雷达如图3-6所示。

（3）防空雷达　防空雷达是一种利用电磁波探测目标的军用电子装备。防空雷达向目标发射电磁波并接收其回波，可测定目标的位置、运动方向和速度等特性。

图3-6　反炮兵雷达

（4）有源相控阵雷达　基于主动雷达原理，有源相控阵雷达使用相控阵天线阵列和相应的发射器来形成波束，探测并锁定目标。相比传统天线阵列，相控阵天线阵列可以通过改变发射器的相位和振幅等参数，实现对波束方向、波束宽度、波束形状和波束功率等参数的控制。机载有源相控阵雷达和地面有源相控阵雷达分别如图3-7、图3-8所示。

图3-7　机载有源相控阵雷达

图3-8　地面有源相控阵雷达

1）优点。

① 精度高。有源相控阵雷达可以对目标进行高精度定位和跟踪。

② 速度快。有源相控阵雷达能提供更快的扫描速度，实现更快的数据采样和处理。

③ 抗干扰能力强。有源相控阵雷达能更好地保持工作状态。

④ 多功能性强。有源相控阵雷达可用于雷达成像、目标搜索和导航等。

2）缺点。

① 成本高。相比无源相控阵雷达，有源相控阵雷达的成本更高，因此应用时会受到一定的限制。

② 能耗大。有源相控阵雷达需要使用相对应的发射机，其能耗比无源相控阵雷达更大。

（5）无源相控阵雷达　基于被动雷达原理，无源相控阵雷达使用接收天线阵列，根据接收到的信号相位形成波束，并筛选目标信号。机载无源相控阵雷达和地面无源相控阵雷达分别如图 3-9、图 3-10 所示。

图 3-9　机载无源相控阵雷达

图 3-10　地面无源相控阵雷达

1）优点。

① 成本低。无源相控阵雷达成本低，更适用于小型装备中。

② 能耗小。由于不需要发射机，无源相控阵雷达的能耗比有源相控阵雷达更低。

③ 操作简便。无源相控阵雷达的工作原理简单，操作方便。

④ 探测范围广。无源相控阵雷达可以探测距离较远的目标。

2）缺点。

① 精度较低。无源相控阵雷达无法实现对探测目标的精确定位。

② 抗干扰能力弱。无源相控阵雷达的抗干扰能力相对较弱。

（6）三坐标雷达

1）工作原理。三坐标雷达在水平方向（方位角）上进行机械扫描，在垂直方向（高低角）上进行电扫描，从而直接获取目标的距离、方向和高度信息。

2）作用。

① 三坐标雷达是一种重要的舰载雷达，它能提供目标指示数据。三坐标雷达在中、大型水面舰艇上采用的是平板阵天线，它的作用距离仅次于对空警戒雷达，可达 300~400km。图 3-11 所示为三坐标雷达，军舰上的三坐标雷达如图 3-12 所示。

图 3-11　三坐标雷达

图 3-12　军舰上的三坐标雷达

② 测距、测向。在航行中，三坐标雷达能够辅助船舶进行准确的测距和测向，保证航行安全。雷达测距与测向的工作原理如图 3-13 所示。

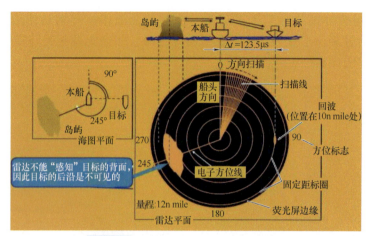

图 3-13　雷达测距与测向的工作原理

（7）超视距雷达　超视距雷达又称天波雷达。

1）天波传播可以在洲际距离上超越地平线，它主要使用短波频段，通常为 1.6~30MHz（波长为 187.4~10.0m），能够发现数千千米以外的目标。

2）超视距雷达主要用于早期预警和战术警戒，是对地地导弹（特别是低弹道的洲际导弹）、部分轨道武器和战略轰炸机的早期预警手段，如图 3-4、图 3-5 所示。

图 3-14　引导/指挥雷达

2. 民用雷达

（1）引导/指挥雷达　如图 3-14 所示，引导/指挥雷达从机场地面塔台发出无线电波，引导/指挥飞机安全起飞、降落。

（2）倒车雷达　倒车时，倒车雷达运用的是超声波原理。报警装置安装在汽车尾部的保险杠上，探头发射的超声波撞击到障碍物后，部分声波会被反射回来，通过超声波往返时间差和声速可以计算出汽车与障碍物间的实际距离，然后发送提示给驾驶人，如图 3-15 所示。

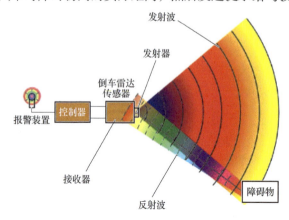

图 3-15　倒车雷达的工作原理

（3）**气象雷达**　气象雷达是专门用于大气探测的雷达，主要用于天气预报和气象观测，可通过发射并接收无线电波信号来探测天气现象（如云、雨和雪等的位置和强度），如图 3-16 所示。

（4）**毫米波雷达**　毫米波雷达是一种工作在毫米波波段（30~300GHz）的雷达，主要通过发射和接收毫米波信号来实现目标探测、成像和跟踪等。毫米波雷达的外观如图 3-17 所示，毫米波雷达的工作原理如图 3-18 所示。

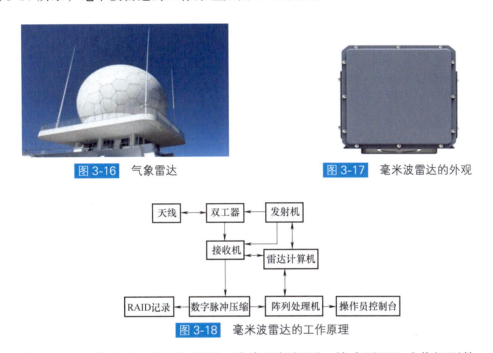

图 3-16　气象雷达　　　　　　　　图 3-17　毫米波雷达的外观

图 3-18　毫米波雷达的工作原理

毫米波雷达的作用包括目标探测、隐身目标探测、精确测距和成像探测等。

1）目标探测。毫米波雷达可以对目标进行有效探测，包括远距离和近距离的探测。毫米波雷达能够探测到金属、塑料、陶瓷和玻璃等物体，并且不受光线、灰尘、雾霾和雨雪等不利条件的影响。

2）隐身目标探测。毫米波雷达可以探测到隐身飞机和导弹等目标，因为这些目标的表面设计很难抵消或吸收毫米波波段的雷达信号。

3）精确测距。毫米波雷达具有高精度的测距功能，能够测量目标与雷达之间的距离，从而实现自动驾驶和避障等功能。

4）成像探测。毫米波雷达可以对目标进行高分辨率的成像探测，包括二维成像和三维成像。毫米波雷达还能够提供目标的空间位置和形态信息，常用于人体安检和地质勘探等领域。

5）通信传输。毫米波频段是 5G 通信的主要频段之一，毫米波雷达可以用于数据传输和通信，能实现高速率、低延迟的无线通信。

在应用方面，汽车对毫米波雷达的基本需求是：一台普通汽车上至少需要搭载 5 台毫米波雷达，而一台无人驾驶汽车至少需要搭载 9 台毫米波雷达。车用毫米波雷达的工作原理如图 3-19 所示。

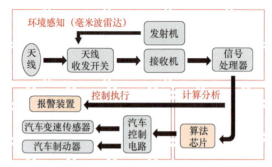

图 3-19　车用毫米波雷达的工作原理

（5）脉冲多普勒雷达　脉冲多普勒雷达也称低空警戒雷达，是利用多普勒效应来探测运动目标（无人机）的位置和相对运动速度的高效雷达，特别适用于探测"低、慢、小"无人机。由于低空无人机体积小、金属件少、飞行高度低、雷达目标面积小、回波弱，且与地杂波信号非常容易耦合，所以用普通雷达检测低空无人机的难度较大。

1）多普勒效应。多普勒效应是指当波源和观测者之间有相对运动时，观测者接收到波的频率会发生变化的现象，如图 3-20 所示。

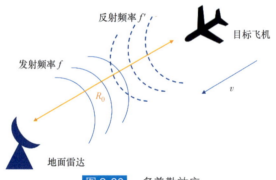

图 3-20　多普勒效应

2）脉冲多普勒雷达的工作原理。雷达向目标发射电磁波，反射回来的电磁波被雷达接收，通过分析反射波与原始发射波的频率差计算目标的相对速度。

脉冲多普勒雷达发射固定频率的脉冲波对空扫描，遇到活动目标时，回波的频率与发射波的频率会出现频率差，即多普勒频率。根据多普勒频率的大小，可测出目标对雷达的径向相对运动速度。根据发射脉冲和接收脉冲的时间差，可测出目标的距离。用频率过滤方法检测目标的多普勒频率谱线，滤除干扰杂波的谱线，可使多普勒雷达能从强杂波中分辨出目标信号。

脉冲多普勒雷达的抗杂波干扰能力比普通雷达强，并能探测、识别出隐蔽在背景和地杂波信号中的活动目标——无人机。图 3-21 所示为机载多普勒雷达。专门用于探测无人机的车载多普勒雷达如图 3-22 所示。多普勒雷达的工作流程，如图 3-23 所示。

3）测速方法。通过多普勒频移公式，雷达能够准确计算出目标物体的径向速度（即相对雷达的速度分量）。

图 3-21 机载多普勒雷达

图 3-22 专门用于探测无人机的车载多普勒雷达

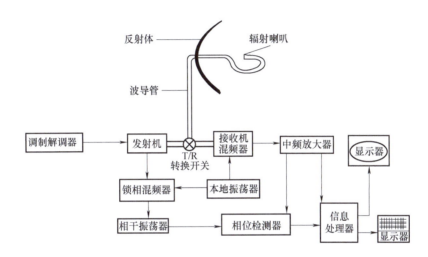

图 3-23 多普勒雷达的工作流程

4）脉冲多普勒雷达的优点。

① 实时性强。脉冲多普勒雷达可以实时测量目标的速度，非常适合动态监测。

② 应用广泛。脉冲多普勒雷达在医学成像和天文学等多个领域都有实际应用，具有重要的应用价值。

③ 精确性高。通过脉冲多普勒雷达测得的速度非常精确。

5）脉冲多普勒雷达的缺点。

① 仅能测量径向速度。脉冲多普勒雷达只能测量目标相对于波源的径向速度，而无法测量目标的切向速度。

② 依赖于波的介质。在不同介质中，波的传播速度会变化，这可能影响脉冲多普勒雷达的精确性，特别是在声波测量中。

（6）连续波雷达 连续波雷达（Continuous Wave Radar，CW Radar）可发射连续的电磁波信号，通过接收反射回来的信号来检测目标物体。

1）不同于脉冲雷达，连续波雷达可不间断地发射信号，主要用于测量目标的速度和距离。对于无人机检测，连续波雷达利用多普勒效应，可确定目标的相对速度和距离。

2）连续波雷达系统的组件如下：

① 发射机：生成并发射连续的电磁波信号。

② 接收机：接收、处理反射回来的电磁波信号。

③ 天线：发射、接收电磁波信号。

④ 混频器：将接收到的回波信号与发射信号进行混频。

⑤ 信号处理单元：对差频信号进行滤波、放大、解调和多普勒频移测量。

⑥ 显示与控制系统：显示目标信息，提供系统控制和操作界面。

3）连续波雷达的工作步骤如下：

① 信号发射：连续波雷达连续发射恒定频率的电磁波信号。

② 回波接收：连续波雷达接收由目标反射回来的电磁波信号。

③ 信号混频：将接收到的回波信号与发射信号进行混频，产生差频信号。

④ 信号处理：对差频信号进行滤波、放大和解调等处理，提取目标信息。

⑤ 多普勒频移测量：利用多普勒效应，测量目标的移动速度。

⑥ 距离测量：通过频率调制连续波技术，测量目标距离。

⑦ 目标识别与跟踪：利用信号处理算法和模式识别技术，识别和跟踪无人机目标。

4）连续波雷达的优点。

① 测量精度高：连续波雷达能够精确测量目标的相对速度和距离。

② 连续监测：连续波雷达连续发射和接收信号，能够实时监测目标。

③ 结构简单：相对于脉冲雷达，连续波雷达的硬件结构更简单。

5）连续波雷达的缺点。

① 无法检测静止目标：连续波雷达主要依赖多普勒效应，无法检测静止目标。

② 易受干扰：连续波雷达连续发射信号时容易受到其他电磁信号的干扰。

③ 距离模糊：传统连续波雷达无法直接测量目标距离，需要结合激光技术。

（7）调频连续波雷达　调频连续波（Frequency Modulated Continuous Wave，FMCW）雷达如图 3-24 所示。

图 3-24　调频连续波雷达

1）工作原理。发射波为高频连续波，接收的回波频率与发射波的频率随时间按照三角波规律变化，可以利用这个微小的时间差计算出目标距离。

2）常见的应用。

① 测量距离。调频连续波雷达最常见的应用是测量目标物体的距离。由于调频连

续波雷达可以通过频率差精确测量距离，被广泛应用于需要精确测距的领域，如自动驾驶中的障碍物检测、无人机导航以及工业测量等。

② 测量速度。调频连续波雷达能测量目标物体的速度，特别是在动态环境下，调频连续波雷达能够同时测量多个目标的速度，并且不受背景噪声的影响，适用于无人机跟踪、车辆测速等场景。

③ 无人机探测。在无人机反制系统中，调频连续波雷达可用于探测和跟踪无人机。调频连续波雷达能够在复杂环境中对小型、低速的无人机进行探测，并且可以实时测量无人机的飞行距离和速度。调频连续波雷达高精度、低成本的优点让它在无人机探测和无人机反制系统中得到了广泛应用，如图 3-25 所示。

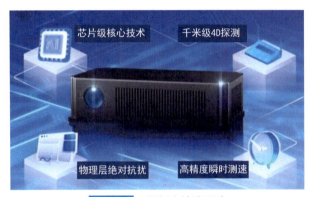

图 3-25　调频连续波雷达

④ 自动驾驶与辅助驾驶。调频连续波雷达广泛应用于自动驾驶和高级驾驶辅助系统（ADAS）中（图 3-26），用于车辆的前向碰撞预警、车道保持和自动紧急制动等。调频连续波雷达能够检测到前方车辆、行人以及其他障碍物的距离和速度，辅助车辆在复杂的驾驶环境中安全行驶。

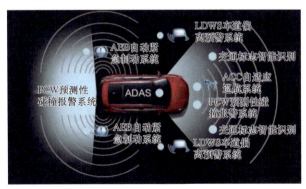

图 3-26　高级驾驶辅助系统

3）工作步骤。

① 发射信号。调频连续波雷达可发射频率线性变化的连续波信号。

② 接收回波。调频连续波雷达接收由目标反射回来的调频连续波信号，如图 3-27 所示，蓝色为雷达发射波，橙色为检测到无人机后，由目标反射回来的回波。雷达接收到的回波信号如图 3-28 所示。

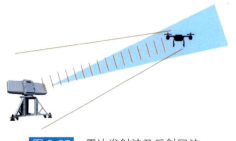

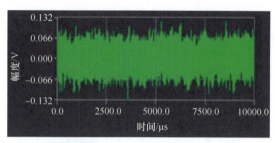

图 3-27　雷达发射波及反射回波　　　　图 3-28　雷达接收到的回波信号

③ 混频处理。接收到的回波信号与发射信号进行混频，产生了差频信号。

④ 信号解调。对差频信号进行解调和滤波，提取目标距离和速度信息。

⑤ 距离测量。通过计算拍频的频率，确定目标的距离，如图 3-29 所示。

图 3-29　目标的距离

⑥ 速度测量。通过多普勒效应测量目标的相对速度，多普勒频率与目标速度的对应关系为

$$f_d = \frac{2f_{Tx}v}{c_0} \cdot \cos \alpha$$

或

$$v = \frac{c_0 f_d}{2f_{Tx}\cos \alpha}$$

式中，f_d 为多普勒频率（Hz）；f_{Tx} 为发射频率（24.125GHz）；c_0 为光速（3×10^8m/s）；v 为目标速度（m/s）；α 为雷达波束和目标运动方向的夹角（°）。

将发射频率 $f_{Tx}=24.125$GHz 代入以上公式，可以得到中频输出的多普勒频率 f_d：

$$f_d = v \cdot 44 \cdot \cos \alpha（速度 v 的单位为 km/h）$$

或

$$f_d = v \cdot 161 \cdot \cos \alpha（速度 v 的单位为 m/s）$$

a）测量的速度值与 $\cos \alpha$ 相关，角度 α 会随着目标距离的变化而变化。

b）为精确测速，可以先采用 FSK 模式测量运动目标的实时距离，然后算出实时 $\cos \alpha$，或者用单脉冲雷达（K-MC4）直接测出实时角度。

4）调频连续波雷达一般利用算法识别和跟踪无人机目标。

5）调频连续波雷达的优点。

① 高精度测距。调频连续波雷达能够提供非常精确的距离测量结果，适合短距离和中距离的目标探测。

② 同时测距、测速。调频连续波雷达能够同时测量目标的距离和速度，在实际应用场景中十分重要。

③ 抗干扰能力强。调频连续波雷达具有连续性和调频特性，在抗干扰方面表现出色，特别是在复杂环境中。

④ 小型化和低成本。调频连续波雷达硬件可以小型化，相对成本较低，适合大规模应用。

6）调频连续波雷达的缺点。

① 功耗较高。调频连续波雷达是连续发射信号的，功耗相对较高。

② 距离分辨率受限。调频连续波雷达的距离测量精度高，但其距离分辨率（即能区分出相邻两个目标的能力）受限于信号带宽（网络"高速公路"中一个点到另一个点所能通过的最高数据率，单位为 bit/s。

③ 速度检测受限。对于高速目标，调频连续波雷达的测速精度受限于系统的采样率和带宽。

（8）合成孔径雷达　合成孔径雷达（Synthetic Aperture Radar，SAR）是一种先进的高分辨率成像雷达，通过发射和接收微波信号，利用目标物体的多次回波信息，生成高分辨率图像，如图 3-30 所示。

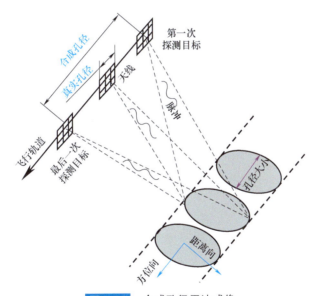

图 3-30　合成孔径雷达成像

1）作用。在无人机反制系统中，合成孔径雷达技术可以用于检测、识别和跟踪无人机，尤其是在复杂环境和恶劣天气条件下，具有独特的优势。

2）工作原理。合成孔径雷达技术通过雷达天线在飞行器（飞机、卫星）移动的过程中模拟出一个较大的"合成孔径"天线，来提高雷达图像的分辨率。高轨合成孔径雷达卫星，如图 3-31 所示。

3）工作步骤。合成孔径雷达的成像依赖于合成天线的运动，通过多次采集目标的回波信号并进行处理，可以形成类似光学图像的雷达图像。这种图像能够穿透云层、烟雾，甚至在夜间或恶劣天气条件下都能提供清晰的图像信息。合成孔径雷达成像过程如图 3-32 所示。

图 3-31　高轨合成孔径雷达卫星

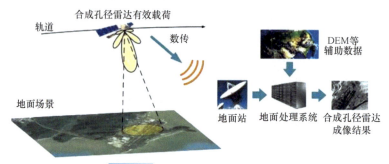

图 3-32　合成孔径雷达成像过程

① 发射与接收信号。

a）合成孔径雷达系统通过天线连续发射脉冲信号。这些信号以微波形式发射，通常频率在 1~10GHz。

b）信号遇到地面目标后会反射回来，合成孔径雷达天线接收这些反射信号。回波的强度和时间延迟包含了目标的位置信息和反射特性。

② 数据采集。

a）当平台（卫星或飞机）沿预定轨迹移动时，合成孔径雷达天线在不同位置连续发射和接收信号。

b）每一个发射脉冲与接收到的回波信号都被记录了下来，形成一系列数据点。

③ 合成孔径与成像。

a）利用接收到的多个回波数据，合成孔径雷达通过数字信号处理技术将这些数据进行叠加和处理，合成一个较大的孔径雷达天线。

b）合成孔径增大了雷达天线的视角，从而能够在方位上获得更高的分辨率。

④ 图像生成。

a）合成后的数据经过处理形成雷达图像，这些图像反映了地面物体的反射强度。

b）图像分辨率依赖于合成孔径长度和雷达波长，通过调整这些参数，合成孔径雷达可以获得不同分辨率的图像。

4）距离分辨率和方位分辨率。

① 距离分辨率。取决于发射信号的带宽，带宽越大，距离分辨率越高。

② 方位分辨率。取决于合成孔径的长度（即飞行器移动的距离），合成孔径越长，

方位分辨率越高。

5）无人机检测。合成孔径雷达可以在广阔的天空中检测、监控无人机，特别是在视觉系统难以胜任的环境下（夜间、恶劣天气或复杂地形）。合成孔径雷达能够通过生成高分辨率的雷达图像，识别出具有特征的小型无人机。将合成孔径雷达安装在无人机上，是探测无人机很好的手段。美国通用原子公司将"鹰眼"多功能监视雷达系统装在"灰鹰"25M 无人机上，可以识别出检测难度较高的小型木制无人机。

6）无人机识别与分类的步骤。

① 目标特征提取。通过分析无人机在合成孔径雷达图像中的形状、纹理和电磁散射特性等回波特征，可以提取出独特的目标特征，用于识别不同类型的无人机。

② 分类算法。结合机器学习算法，合成孔径雷达图像中的特征用于训练分类模型，从而对无人机进行自动识别和分类，能够区分不同型号的无人机，甚至识别出无人机携带的负载。

7）无人机跟踪。

① 连续监控。合成孔径雷达系统可以持续生成目标区域的雷达图像，通过分析无人机在连续雷达图像中的运动轨迹，实现精确的目标跟踪。

② 多传感器融合。合成孔径雷达数据可以与其他传感器（如光学摄像头和红外传感器）的数据融合，提供更全面的目标跟踪信息，特别是在无人机进入合成孔径雷达系统盲区时，其他传感器的数据可以补充跟踪信息。

8）合成孔径雷达的优点。

① 高分辨率成像。合成孔径雷达能够在较远距离和广域范围内，提供高分辨率的目标成像，能够区分地面物体和空中飞行的无人机，识别无人机的运动特征。

② 全天候监控。合成孔径雷达能够在各种天气条件下工作，具有全天候监控能力。

③ 穿透能力强。合成孔径雷达信号可以穿透云层、雨雾等自然障碍，确保在复杂环境下实现无人机检测。

9）合成孔径雷达的缺点。

① 成本较高。合成孔径雷达系统的研发和部署成本较高，主要用于军事或高端安全场景。

② 数据处理复杂。合成孔径雷达数据的处理过程复杂，实时性要求高，需要强大的计算能力和专业算法支持。

③ 存在盲区。由于合成孔径雷达天线的视角限制，在个别角度存在监控盲区，需要与其他传感器结合使用。

（9）光子雷达

1）原理。光子雷达设备的发射机通过天线把电磁波能量射向空间部分方向，处在这个方向上的物体反射碰到电磁波，雷达天线接收此反射波，送至接收设备进行处理，提取有关该物体的某些信息（目标物体与雷达的距离，距离变化率或径向速度、方位和高度等），如图 3-33 所示。

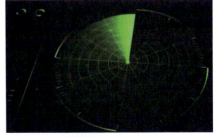

图 3-33　光子雷达

2）光子雷达的优点。

① 信号带宽大。以 34GHz 的频率为中心，信号带宽为 11GHz。

② 工作频率低。工作频率为 40~80MHz，功耗低。

③ 分辨率精细。在旋转屏幕上，能清楚地看到尺寸为 3mm×4mm 的移动小目标；对一架商用无人机进行成像时，能够清楚地看到无人机上旋转的叶片。

五、波段与频率

1. 波段与频率的关系

波段与频率的关系见表 3-1。

表 3-1　波段与频率的关系

序号	波段字母代码	频率 /GHz
1	L	1~2
2	S	2~4
3	C	4~8
4	X	8~12
5	Ku	12~18
6	K	18~27
7	Ka	27~40

2. 波段的选择

1）对于 K 以上波段，由于空气中的水分子吸收严重，雷达探测困难，接收机内部噪声较大，只有少数毫米波雷达在使用。

2）一般来说，X、Ku 波段的雷达是低空探测无人机的最好波段。

3.2　射　　频

一、射频的概念

射频（Radio Frequency，RF）是辐射到空间的电磁频率，频率范围在 300kHz~300GHz 之间。射频电流是高频交流变化电磁波的简称，每秒变化小于 1000 次的交流电称为低频电流，每秒变化大于 10000 次的交流电称为高频电流，射频就是这样一种高频电流。

二、射频的特性

（1）频率　电磁波的频率即电磁场振荡的频率，在电磁辐射的射频波段中，频率在几赫兹到 1000MHz 的范围内。

（2）波长　波长在射频信号的传播和接收中起着重要作用，影响信号的衰减和穿透能力。

1）射频波长的具体范围为从 0.3m 到几千米。

2）射频波长的具体数值取决于频率，频率越高，波长越短；频率越低，波长越长。高频电磁波的波长短，穿透能力强，但是传播距离较短；低频电磁波的波长较长，传播距离较远，但是穿透能力较弱。

（3）幅度　幅度是指物体振动或摇摆所展开的宽度。射频信号中，基带调制信号的幅度对射频信号幅度的影响程度用百分比的形式表示，全幅调制是 100% 的幅度调制，半幅调制是 50% 的幅度调制。

（4）相位　在射频电路中，电信号的相位是非常重要的参数，直接影响到电路的输出功率和信号质量。

（5）调制　为了实现通信，需要对发射端的电磁波进行相应的操作，即利用波的特性（频率、相位和振幅）修改射频信号并传输数据。

频率调制有直接调频和间接调频两种方式。直接调频是指利用调制信号直接控制载波振荡器的振荡频率。间接调频是指将调制信号进行积分，对载波调相，通过 n 次倍频器得到调制信号。调频可以通过调相间接得到。

射频信号通过调制技术（调频、调幅或调相）传输数据，通过天线发射到空中，接收端再通过解调还原信息，这种传输方式使得射频信号能够在空气中传播，并经电离层反射，实现远距离传输。射频系统如图 3-34 所示。

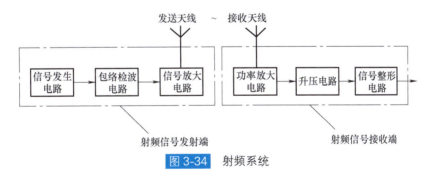

图 3-34　射频系统

三、射频的应用

1. 射频识别技术

射频识别技术（Radio Frequency Identification，RFID）是由于雷达技术的发展和进步从而衍生出来的，主要用于自动识别和追踪物品，典型应用有门禁管制、停车场管制、生产线自动化和仓储管理等。RFID 仓储管理系统示意图如图 3-35 所示。

射频识别技术还能用于"低、小、慢"无人机探测，通过监测和分析无人机与其遥控器之间的无线电通信信号来探测无人机的存在。无人机通常依赖射频信号进行上行遥控和下行数据传输（图 3-36），而这些传输信号会被射频信号设备所捕捉和分析。

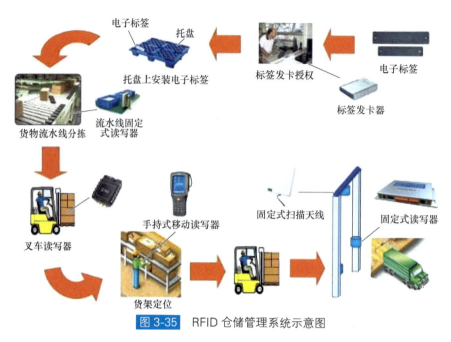

图 3-35　RFID 仓储管理系统示意图

电子标签　托盘

托盘上安装电子标签

标签发卡授权

电子标签

标签发卡器

货物流水线分拣

流水线固定式读写器

叉车读写器

手持式移动读写器

固定式扫描天线

固定式读写器

货架定位

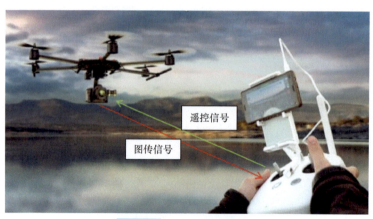

图 3-36　无人机与遥控器

遥控信号

图传信号

在无人机探测中，频谱探测技术主要用于实时监测和分析空中的无线电信号，从而获取与无人机相关的频谱特征，如频点和调制方式等。

2. 射频识别技术的原理

1）在无人机起飞后，无人机与遥控器都将持续处于工作状态，通过对无人机的特点分析可知，作为"眼睛"的无人机，必须源源不断地将"看到"的信息传递给作为"大脑"的无人机遥控器，作为"大脑"的遥控器，也需要不停地向"眼睛"发出控制信号，即不断向外辐射无线电信号，这就可以作为侦测无人机与遥控器的切入点，通过侦测无人机的遥控信号与图传信号，就可以在时间域和频域对信号进行有效识别。

2）频谱分析仪用于监测和分析电磁频谱中的信号，探测、识别和定位无人机的无线电通信信号。无人机在飞行过程中，会使用无线电频率射频进行遥控和数据传输，可以通过频谱分析仪捕捉和分析信号，从而探测到无人机的存在。无人机遥控频谱信号如图 3-37 所示。

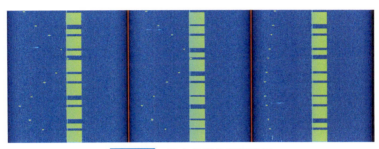

图 3-37　无人机遥控频谱信号

（图片源自：坤雷）

四、无人机的监管

民用无人机安全检测体系主要围绕无线电信号的使用展开，工业和信息化部规定了无人驾驶航空器的无线电使用频段。生产无人驾驶航空器的厂家须取得国家无线电管理机构核发的型号核准证，用户在室外使用无人驾驶航空器虽然无须办理电台执照，但应进行备案。

1430~1444MHz 频段民用无人驾驶航空器通信系统无线电发射设备技术要求如下：

（1）工作频率及信道带宽要求（表 3-2）

表 3-2　工作频率及信道带宽要求

工作频段 /MHz	工作方式	信道带宽 /MHz	中心频点 /MHz	备注
1430~1444	指定信道	2	$1429+2n$ （n=1, 2, …, 7）	1. n 为信道编号 2. 可根据不同传输容量要求进行信道合并使用

（2）发射机发射功率限值（表 3-3）

表 3-3　发射机发射功率限值

发射机功率等级	等效全向辐射功率（e.i.r.p）限值下行 /（dBm/ 通道）
1	42
2	35
3	23

注：在能够满足民用无人驾驶航空器遥测、信息传输的条件下，应尽可能使用低功率进行发射。

（3）频率容限　不大于 20×10^{-6}。

（4）发射机邻道泄露比限值（表 3-4）

表 3-4　发射机邻道泄露比限值

工作频段 /MHz	第一邻道泄露比限值	第二邻道泄露比限值	备注
1430~1444	≥ 40dB	≥ 60dB	信道合并使用时按照单信道指标执行

（5）杂散发射限值（表 3-5）

表 3-5　杂散发射限值

频率范围	限值	测量带宽	检波方式
9kHz~150kHz	–36dBm	1kHz	RMS（均方根检波，下同）
150kHz~30MHz	–36dBm	10kHz	RMS
30MHz~1GHz	–36dBm	100kHz	RMS
1GHz 以上	–30dBm	1MHz	RMS

（6）接收机邻道选择性限值（表 3-6）

表 3-6　接收机邻道选择性限值

工作频段 /MHz	第一邻道选择性限值	第二邻道选择性限值	备注
1430~1444	≥ 40dB	≥ 60dB	信道合并使用时按照单信道指标执行

五、射频的工作步骤

1. 信号捕捉

如图 3-38 所示，使用射频天线和接收机，在监控区域内捕捉各种频段的无线电信号，而高灵敏度接收机能够接收并处理微弱的无线电信号，接收机是实现高精度探测的关键部件。

图 3-38　射频天线和接收机

2. 信号预处理

对捕捉到的射频信号进行预处理，即滤波、放大和去噪。

3. 信号特征提取

分析射频信号的特征，如频率、带宽和调制方式等，提取关键特征，射频信号处理系统如图 3-39 所示。

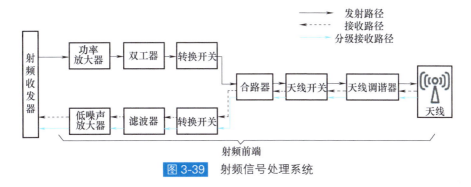

图 3-39　射频信号处理系统

4. 信号识别与分类

利用信号处理算法和机器学习技术，对无人机的射频信号进行识别和分类，并与其他无线电信号（Wi-Fi、蓝牙或手机信号等）进行区分。

基于多个射频传感器的协同工作，到达时间差（TDOA）的无人机定位技术是普适性更好的探测技术，是通过测量信号到达角度（AOA）进行定位的测向方法，2 个监测站对目标无人机进行方向测量，交叉定位输出目标位置，如图 3-40 所示。

通过计算主站与从站（或 3 个站点）的到达时间差，得到 2 条（或 3 条）双曲线，进而确定交点，到达时间差的定位利用信号强度、到达时间差进行定位，即目标 T 的位置，确定无人机的位置和轨迹，如图 3-41 所示。

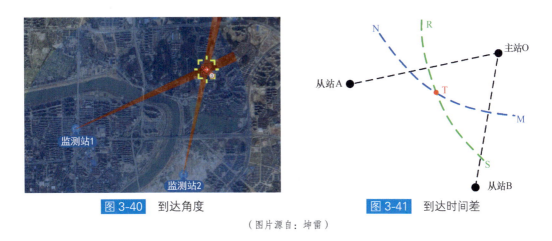

图 3-40　到达角度

图 3-41　到达时间差

（图片源自：坤雷）

六、射频检测系统的类型

1. 频谱分析仪

作为监测系统的核心部件，频谱分析仪用于扫描和分析射频频谱，负责捕捉并分析空域中无线电信号的关键参数，如频率、带宽、调制方式和信号强度等，通过测量和分析这些参数，可以捕捉并识别无人机相关的特定信号，如图 3-42 所示。

 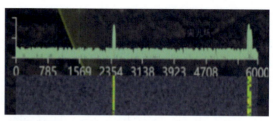

图 3-42　频谱分析

2. 方向性天线

通过方向性天线确定射频信号的来源方向，结合多个天线可以进行定位目标，如图 3-43 所示。

七、射频的特点

1. 优点

（1）远距离检测　可在较远距离内探测、识别并定位无人机射频信号，如图 3-44 所示。

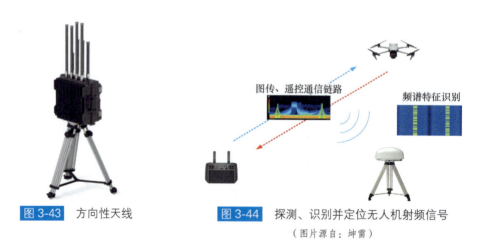

图 3-43　方向性天线　　图 3-44　探测、识别并定位无人机射频信号

（图片源自：坤雷）

（2）全天候工作　不受光照和天气条件影响，适用于各种环境。

（3）多目标识别　可以同时探测多个无人机射频信号，实现多目标检测。

2. 缺点

（1）依赖信号传输　对于使用了加密或频率跳变等技术的无人机信号，射频探测和识别的难度较大。

（2）抗干扰能力弱　处于射频环境复杂的区域（如城市）时，容易受到其他无线电信号的干扰。

（3）隐私问题　探测无线电信号可能涉及隐私问题，需要遵守相关法律法规。

3.3　软件定义的无线电

软件定义的无线电（Software Defined Radio，SDR）协议破解的单站定位技术是当前阶段使用最为方便的探测技术。利用软件定义的无线电设备可灵活配置和处理各种射频信号，实现高效的信号分析和识别。

一、软件定义的无线电概述

软件定义的无线电是通过软件定义的无线电通信技术。

1）软件定义的无线电使用通用的硬件平台。

2）软件定义的无线电通过软件来实现不同的无线电功能，如调制、解调和信号处理等。

3）灵活使用软件定义的无线电软件，能够适应多种无线电标准和频段。

二、软件定义的无线电的工作原理

通过将无线电信号转换为数字信号，然后利用软件对数字信号进行处理和分析，实现无线电功能；软件定义的无线电技术打破了设备的通信功能只能依赖于硬件发展的传统格局，提供了更强的灵活性和更大的升级潜力。

三、软件定义的无线电的特性

（1）可重新编程、可重构　设备可以使用于多种标准、多个频带并实现多种功能，使用可编程器件来实现基带数字信号处理，还将对射频及中频的模拟电路进行编程、重构。

（2）智能化频谱利用　软件定义的无线电通过手动配置或自动查找的方式，找到当前空中最适合的通信频带和制式。

（3）多标准支持　软件定义的无线电能够支持多种无线通信标准，包括 FM、5G、LTE 和 WLAN 等，使得同一套硬件可以适应不同的通信需求。

四、软件定义的无线电的系统组件

1）天线。接收和发射无线电信号。

2）模拟前端。包括滤波器（图 3-45）、低噪声放大器（LNA，图 3-46）和功率放大器（PA，图 3-47）等，模拟前端主要用于信号的初步处理。

3）模数转换器（ADC）。用于将模拟信号转换为数字信号，如图 3-48 所示。

4）数模转换器（DAC）。用于将数字信号转换为模拟信号，如图 3-49 所示。

5）数字信号处理器（DSP）。用于执行信号处理算法，如图 3-50 所示。

图 3-45 滤波器

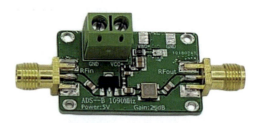

图 3-46 低噪声放大器

图 3-47 功率放大器

图 3-48 模数转换器

图 3-49 数模转换器

图 3-50 数字信号处理器

五、监测系统

1）监测设备及管控平台如图 3-51 所示。

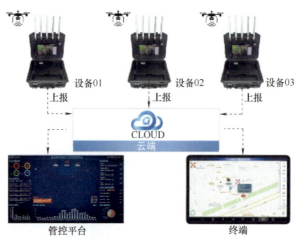

图 3-51 监测设备及管控平台

（图片源自：理工全盛）

2）能探测到无人机。通过高速信号采集和处理技术，可以识别出无人机的型号、序列号、经度、纬度、高度、操控员位置以及返航点的位置，如图 3-52 所示。

六、软件定义的无线电的工作步骤

1）射频信号接收。使用宽带天线（图 3-53）和模拟前端（低噪声放大器和滤波器等）接收射频信号。

图 3-52　能探测到无人机

（图片源自：理工全盛）

图 3-53　宽带天线

2）模数转换。将接收到的模拟射频信号转换为数字信号，便于软件处理。

3）数字信号处理。通过软件对数字信号进行处理，包括滤波、调制 / 解调及编码 / 解码等。

4）数模转换。将处理后的数字信号转换回模拟信号，进行发射。

5）射频信号发射。通过功率放大器和天线将处理后的信号发射出去。

6）软件控制平台。通过 GNU Radio、MATLAB 等软件控制平台进行信号处理和系统控制。

七、软件定义的无线电的特点

1. 优点

1）灵活性。能够通过软件实现不同的无线电协议和频段，适应性强。

2）可升级性。只要更新软件，就可以实现新功能，无须更换硬件。

3）多功能性。一个软件定义的无线电设备可以支持多种通信标准和应用。

2. 缺点

1）计算资源需求高。复杂信号的处理算法需要大量的计算资源。

2）功耗较高。高性能的软件定义的无线电设备通常功耗较高。

3）初期成本较高。高性能的通用硬件平台的成本较高。

3.4　声波传感器

一、声波

声波是由物体的振动产生，并通过介质传播的一种机械波。

1）声波的频率范围在 20~20000Hz 之间。

2）低频声波的频率在 20Hz 以下、中频声波的频率在 20Hz~20kHz 之间，高频声波的频率在 20kHz 以上。

3）频率低于 20Hz 的声波称为次声波，频率高于 20000Hz 的声波称为超声波。

二、声波传感器的工作原理

声波检测是指通过识别和分析无人机发出的独特声波进行检测的方法。

图 3-54　早期的声波采集器

（图片源自：说今谈古）

1）在飞行过程中，无人机的电动机和螺旋桨会产生特有的噪声，这种噪声会被声波传感器捕捉到。

2）在雷达发明前，世界各国都会采用声波传感器进行防空预警。图 3-54 所示为早期的声波采集器，可以看出其体积很大，有两位士兵正站在旁边，把听筒放到耳边，通过时时监听来自空中的声音——敌机发动机发出的巨大噪声，来预判敌机动向。

三、声波传感器的工作要点

声波传感器是使用麦克风阵列或其他声学传感器来捕捉环境中的声音。声波传感器通常分布在监控区域内，确保覆盖足够的范围。

四、声波传感器的工作步骤

声学传感器（麦克风阵列）可以捕捉无人机在飞行过程中产生的声音，这些声音信号经过处理和分析，可用于检测、定位和跟踪无人机。声波采集特别适合在可视范围外或复杂环境中使用。

1）声波传播。在飞行过程中，无人机的电动机、螺旋桨和气流发出的噪声将在空气中传播，声波主要集中在中、低频域，如图 3-55 所示。

2）捕捉信号。声波传感器相当于强大的麦克风，而麦克风阵列就是用来捕捉声波信号的。由多个麦克风组成的麦克风阵列同时记录来自不同方向的声音。麦克风阵列（图 3-56）的主要类型有线性阵列、矩形阵列或环形阵列，如图 3-57 所示。

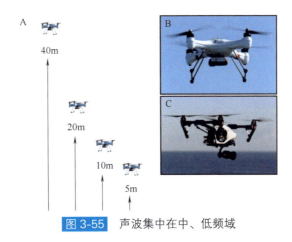

图 3-55　声波集中在中、低频域

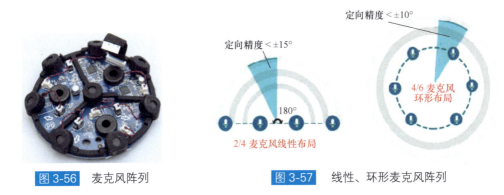

图 3-56　麦克风阵列　　　　　　　　图 3-57　线性、环形麦克风阵列

3）信号放大与滤波。捕捉到的声波信号经过放大和滤波，去除噪声和干扰，保留有用的声波信号，如图 3-58 所示。

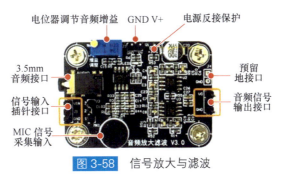

图 3-58　信号放大与滤波

4）模数转换。经过放大和滤波处理的模拟信号通过模数转换器转换为数字信号，方便后续处理。

5）信号处理与分析。通过数字信号处理技术，对捕捉到的声波信号进行频谱、时域分析、噪声抑制和特征提取等处理。

6）目标检测与定位。利用信号处理结果，通过三角测量和波束形成等技术，实现对无人机的检测与定位。

五、声波传感器的工作方法

1. 声波传感器的布置

（1）单麦克风　单个麦克风可用于捕捉声波信号，但定位精度较低，只适用于简单检测任务。

（2）麦克风阵列　部署多个麦克风组成阵列，可捕捉无人机在空间中产生的声波信号。

2. 声波信号采集

（1）实时采集　采用麦克风阵列，实时捕捉无人机产生的声波信号，进行实时处理和分析。

（2）数据记录　将采集到的声波信号记录下来，便于后续的离线分析和研究。

3. 信号处理技术

（1）频谱分析　快速傅里叶变换（FFT）算法在无人机频谱无线电侦测设备中发挥着重要作用，它能够将时域信号转换为频域信号，实现对信号的频谱分析。通过对采集到的信号进行快速傅里叶变换，设备可以获得信号的频谱分布图，分析声波的频谱特性，进而识别并分析无人机通信和控制信号的频谱特征及频率。

（2）噪声抑制　利用噪声滤波器（图3-59）和自适应算法抑制背景噪声，提高信号的信噪比。

图 3-59　噪声滤波器

（3）特征提取　提取声波信号的特征参数，包括幅度、频率和相位等，进而进行无人机的检测和分类。

4. 目标检测与定位

（1）三角测量　利用麦克风阵列中不同麦克风接收到声波的时间差，通过三角测量方法，计算无人机的位置。

（2）波束形成　通过调整麦克风阵列的接收方向增强特定方向的声波信号，提高检测精度。

5. 实时监控与报警

（1）实时监控　对实时捕捉的声波信号进行处理和分析，监控无人机的活动。

2024 年土耳其研发出了被动探测无人机系统，其本质就是一种声学探测系统，设备总重量不到 25kg，使用三脚架支撑设备，按一定阵列把 18 个声波传感器布置在多个工作臂上。这个系统的定位就是能够"听音辨器"，即根据无人机桨叶旋转发出的声音或无人机发电机工作发出的声音，对一定范围内的微型和小型无人机进行探测、分类和跟踪。在天气良好的条件下，从探测出无人机到完成无人机分类仅需要 1s，最多可以同时探测 10 个目标。

（2）报警系统　检测到无人机后，触发报警系统，提供及时的预警信息。

六、三角测量

1. 原理

三角测量法（Triangulation）是利用多个观测点对目标物体进行位置测定的一种技术。基于声波在不同传感器间传播的时间差，来确定目标的位置和轨迹，如图 3-60 所示。

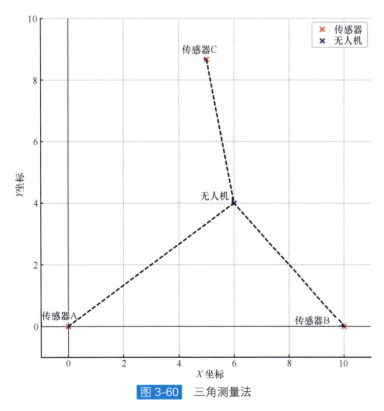

图 3-60　三角测量法

2. 步骤

（1）传感器布置　在监控区域内，布置多个声波传感器（麦克风），通常至少需要 3 个声波传感器（麦克风）才能实现有效的三角测量，且应事先测量并记录声波传感器之间的距离和位置。

（2）**声音采集**　当无人机进入监控区域时，无人机的电动机和螺旋桨会产生特有的噪声，该噪声会被处在不同位置的声波传感器同时采集。

（3）**时间差测量**　由于声波传播速度恒定，各声波传感器捕捉到声波的时间存在微小差异，这个时间差可以通过高速数据采集和处理设备精确测量。

（4）**计算**

1）时间差计算。通过比较声波到达不同声波传感器的时间差，可以计算出声源到各个声波传感器的相对距离差。

2）位置计算。设有 3 个声波传感器 A、B 和 C，它们的坐标位置分别为 (x_A, y_A)、(x_B, y_B) 和 (x_C, y_C)，无人机的未知位置为 (X, Y)。

① 设 t_A、t_B 和 t_C 分别是无人机发出的声波到达声波传感器 A、B 和 C 的时间。

② 声波的传播速度为 v。

③ 得到以下方程组：

$$d_A = v \times t_A$$
$$d_B = v \times t_B$$
$$d_C = v \times t_C$$

式中，d_A、d_B 和 d_C 分别是声波到达 3 个声波传感器的距离。

④ 计算距离差，得到

$$d_A - d_B = v \times (t_A - t_B)$$
$$d_B - d_C = v \times (t_B - t_C)$$

⑤ 将距离差，代入距离公式（两点间距离公式为：$d = \sqrt{(x_2 - x_1)^2 + (y_2 - y_1)^2}$），则可以解出无人机的具体坐标 (X, Y)。

七、声波传感器的特点

1. 优点

1）声波采集技术通常是非接触式的，不会对无人机造成干扰。

2）可以在不同光照和天气条件下工作。

3）声波采集设备体积小，易于隐藏和部署，不易被发现。

4）可检测所有类型的无人机。

5）声波传感器是被动型传感器，不需要办理任何许可证。

2. 缺点

1）环境中的噪声会对声波信号的采集和处理造成干扰，在严重嘈杂的环境中，声波传感器会失效，需要采用有效的噪声抑制技术。

2）声波传感器的最大检测范围为 300~500m，与其他系统相比，其检测覆盖范围有限，而风向、温度也会降低声波传感器的有效检测范围。

3）麦克风阵列的布置和校准需要较高的精度，以保证定位和检测的准确性。

4）实时处理和分析大量声波信号需要较强的计算能力和复杂的算法。

拓 展 阅 读

雷达的发明

雷达是受到蝙蝠的启发而发明的。蝙蝠（图 3-61）是一种夜行飞行动物，它们通过发出超声波并接收反射回来的信号，来判断前方是否有障碍物或猎物，从而灵活地避开障碍物，捕捉猎物。

图 3-61　蝙蝠

雷达的工作原理与蝙蝠的超声波导航、定位相似，雷达通过发射电磁波（在空气中传播速度快、距离远）并接收其反射回来的信号，来探测目标的位置和距离。

复 习 思 考 题

一、填空题

1．无人机反制已经成为各国_____和_____作战的焦点。

2．_____、_____且_____的_____是无人机反制的前提。

3．雷达是利用_____探测目标的电子设备。

4．雷达天线以_____形式发射_____的无线电波。

5．频率偏移 Δf 与速度 v 的关系为_____。

6．有源相控阵雷达使用_____天线_____和相应的发射器，来形成_____，_____并_____目标。

7．三坐标雷达在_____方向（_____）上，进行_____，在_____方向（_____角）上进行_____，从而直接获得目标的_____、_____和_____信息。

8．通过多个射频传感器的协同工作，_____的无人机_____技术是普适性更好的探测技术，是通过测_____进行定位的_____方法，_____个观测站对目标无人机进行_____测量，_____输出目标_____。

9．通过计算主站与从站（或 3 个站点）的到达_____，得到_____条（或_____条）_____线，进而确定_____，_____的定位体利用_____、_____进行定位_____，即目标 T 的_____，确定无人机的_____和_____。

10. 对于 K 以上波段，由于空气中的水分子_____，雷达探测_____，接收机内部_____，只有少数_____雷达在使用。

二、简答题

1. 简述雷达的用途。

2. 雷达是不是探测无人机的最佳选择？为什么？

3. 使用声波传感器探测无人机有哪些优势？

第4章　无人机识别与跟踪

4.1　光学系统识别与跟踪

一、光学系统

光学检测利用光学传感器（如摄像头）捕捉无人机的影像，通过图像处理和分析技术来识别和跟踪无人机。此方法依赖于可见光、红外光或其他光谱范围内的光线。双侧装的光电转台如图 4-1 所示。

二、光学系统的工作步骤

1）光学传感器捕捉图像。使用高清摄像头或红外摄像头等光学传感器，在监控区域内连续拍摄图像或视频，如图 4-2 所示。

图 4-1　双侧装的光电转台

图 4-2　光学传感器

（图片源自：理工全盛）

2）图像预处理。对捕捉到的图像进行预处理（去噪和增强对比度等），以提高图像质量。

3）目标检测。通过图像处理算法（边缘检测和背景减除等）识别图像中的移动目标。

三、光学系统的工作原理

1）图像处理算法通过对图像进行分析和处理，提取目标的特征，实现对移动目标的识别。

2）常用的图像处理算法有边缘检测、背景减除和运动检测等，这些算法广泛应用于监控、无人驾驶和安防等领域。

4.2 边缘检测

一、边缘检测的工作原理

边缘检测算法用于检测图像中目标物体的边界，通过识别图像中像素值变化剧烈的区域，提取目标物体的轮廓；原图（图 4-3）通过 Sobel 算子可以提取到的轮廓如图 4-4 所示。

图 4-3　原图

图 4-4　Sobel 算子提取到的轮廓

二、边缘检测的常用方法

边缘检测的常用方法有 Sobel 算子、Canny 算子、Prewitt 算子和 Laplacian 算子等。使用不同方法提取的轮廓与原图的对比如图 4-5 所示。

a) 原图

b) Sobel 算子轮廓

c) Canny 算子轮廓

图 4-5　使用不同方法提取的轮廓与原图的对比

三、Sobel 算子的工作原理

Sobel 算子是一种用于图像处理的边缘检测算法，它通过计算图像中灰度变化的梯度来检测边缘。Sobel 算子由一对 3×3 的卷积核组成。

水平卷积核：

$$\begin{bmatrix} -1 & 0 & 1 \\ -2 & 0 & 2 \\ -1 & 0 & 1 \end{bmatrix}$$

垂直卷积核：

$$\begin{bmatrix} -1 & -2 & -1 \\ 0 & 0 & 0 \\ 1 & 2 & 1 \end{bmatrix}$$

通过将这两个卷积核与图像平面进行卷积计算，可以得到图像中每个像素点的水平梯度和垂直梯度，分别表示为 G_x 和 G_y。通过计算得到的水平梯度和垂直梯度，可以进一步得到图像的梯度幅值和梯度方向。

1）梯度幅值表示图像中像素点在边缘的强度。

$$G=\sqrt{G_x^2+G_y^2}$$

2）梯度方向表示边缘方向。

$$\theta=\arctan\left(\frac{G_y}{G_x}\right)$$

四、边缘检测的步骤

（1）图像预处理　对输入的图像进行灰度处理（图 4-6），以减少计算复杂度，并对图像进行高斯滤波（图 4-7），以减少噪声影响。

a) 原图　　　　　　　　　　b) 灰度处理后的图像

图 4-6　对输入图像进行灰度处理

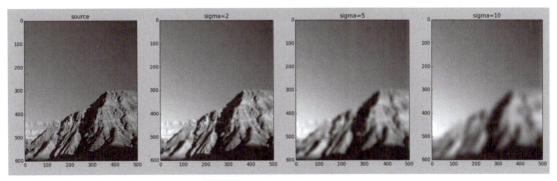

图 4-7　对图像进行高斯滤波

（2）使用 Sobel 算子　使用 Sobel 算子对灰度图像进行卷积，分别计算，得到图像的水平梯度和垂直梯度。

（3）边缘检测　计算梯度幅值，设置阈值以过滤出显著的边缘信息，此处的边缘对应于无人机的轮廓。

（4）边缘增强　通过非极大值抑制等技术进一步增强边缘，使无人机的轮廓更加清晰。

五、无人机的识别与跟踪

应用 Sobel 算子检测到的无人机边缘信息可进一步用于目标的识别与跟踪。

（1）边缘匹配　利用检测到的边缘信息与预先存储的无人机模型进行匹配，识别图像中的无人机目标。

（2）轮廓跟踪　在视频序列中，跟踪连续帧中的无人机轮廓，预估其运动轨迹。结合光流法（图 4-8）或卡尔曼滤波器（图 4-9）等，进一步提高跟踪的鲁棒性和准确性。

图 4-8　光流法　　　　　　　　　　图 4-9　卡尔曼滤波器

（3）目标分类

1）根据无人机的边缘信息，结合其他特征（如形状和纹理等），使用机器学习（图 4-10）算法对目标进行分类，以区分不同类型的无人机。

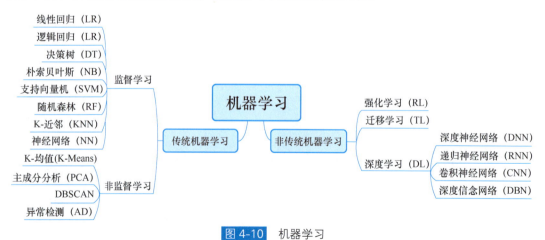

图 4-10　机器学习

2）智能化识别技术。基于机器学习和模式识别技术，自动分析信号特征，识别无人机型号、通信协议等信息。可以通过智能识别算法对大量数据进行快速处理和分析，从而实现对无人机的快速识别和分类。

六、多传感器融合

在复杂的无人机反制场景中，Sobel 算子可以与其他传感器数据（红外、雷达）进行结合，形成多模态的检测、识别与跟踪系统。

1）红外图像融合。结合红外图像，Sobel 算子可以在环境昏暗或背景复杂的情况下，增强无人机的边缘检测效果。

2）雷达数据结合。将 Sobel 算子检测到的图像边缘信息与雷达探测到的运动信息相结合，可以形成更加全面的无人机检测系统。

七、Sobel 算子的特点

1. 优点

（1）计算简单　Sobel 算子计算过程简单，适合实时处理，能够在低端计算资源设备上实现。

（2）边缘检测效果好　Sobel 算子对图像中的高频信息（边缘）敏感，能够有效检测出无人机的轮廓。

（3）易于集成　Sobel 算子易与其他检测和跟踪算法进行集成，形成多层次的检测系统。

2. 缺点

（1）噪声敏感　Sobel 算子对图像中的噪声较为敏感，在低质量或高噪声图像中会产生伪边缘。

（2）只适合检测线性边缘　Sobel 算子主要用于检测线性边缘，对于曲线边缘或复杂形状边缘的检测效果不佳。

（3）边缘定位不精确　Sobel 算子在边缘定位时采用的梯度计算方法较为简单，其精度不如其他更复杂的边缘检测算法。

4.3　光流法检测

光流法检测是基于图像序列的运动估计技术，如图 4-11 所示。在无人机反制系统中，光流法通过分析物体在连续视频帧中的运动向量识别和跟踪运动目标，适用于检测缓慢移动的目标，如无人机的运动轨迹。通过分析图像序列中像素的运动，可以估测出无人机的飞行速度和方向。

图 4-11　光流法检测

一、光流法工作原理

1. 光流定义

光流（Optical Flow）指的是图像序列中像素随时间变化的速率和方向，表示物体在图像平面上的运动。

2. 光流场

光流场是一个矢量场，每个矢量表示图像中对应像素点的运动方向和速度。图 4-12 所示为光流场像素点检测汽车运动。

图 4-12　光流场像素点检测汽车运动

二、光流方法的类别

在无人机反制应用中，光流方法主要用于检测和跟踪无人机的运动。

1. 稠密光流法

（1）Horn-Schunck 方法　Horn-Schunck 方法通过全局平滑约束来求解整个图像的光流场，其求得的是稠密光流，需要计算每一个像素的光流值，计算量较大，计算复杂度较高，适用于估计较为平滑的运动。图 4-13 所示为运用 Horn-Schunck 方法检测并识别汽车运动。

（2）Lucas-Kanade 方法　Lucas-Kanade 方法是一种广泛使用的光流估计的差分方法，在局部窗口内进行光流估计，只需计算若干点的光流值，其求得的是一种稀疏光流，计算效率较高，适用于小位移和局部运动的情况。Lucas-Kanade 方法只用几个点就能检测汽车运动，如图 4-14 所示。

图 4-13　运用 Horn-Schunck 方法检测并识别汽车运动

图 4-14　Lucas-Kanade 方法检测汽车运动

2. 稀疏光流法

Shi-Tomasi 方法是一种基于角点检测的稀疏光流估计方法。先检测图像中的角点或特征点，再在这些点上估计光流（图 4-15），适用于关注特定目标（无人机）的运动跟踪。

图 4-15　Shi-Tomasi 方法检测汽车运动

三、光流法的工作步骤

（1）帧间差分　计算当前帧与前一帧的差分图像，如图 4-16 所示。

a）原图

b）帧间差分后的图像

图 4-16　帧间差分

（2）**阈值分割**　设定阈值，将差分图像中像素值变化显著的区域标记为运动区域，如图 4-17 所示。

a) 原图　　　　　　　　　　　　　　　　b) 阈值分割后的图像

图 4-17　阈值分割

（3）**连通区域分析**　确定运动目标的边界如图 4-18 所示。

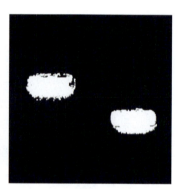

图 4-18　确定运动目标的边界

（4）**目标跟踪**　对运动目标进行跟踪，获取其轨迹。

四、无人机检测与跟踪

光流法可以结合特定的目标检测算法，用于无人机的检测与跟踪。

（1）**目标检测**　通过背景减除、运动检测或机器学习算法检测图像中的无人机。

（2）**光流跟踪**　检测到无人机目标后，估计其运动轨迹，光流场的分析能够提供无人机的速度和方向等运动信息。

（3）**轨迹预测与反制措施**　跟踪无人机的光流轨迹，预测其下一步的运动位置，进而采取相应的反制措施，如发送干扰信号、控制防御系统和瞄准等。

五、多传感器融合

光流法常与其他传感器数据融合使用，以提高无人机检测和跟踪的精度，如结合雷达数据可弥补光流法在复杂背景或低亮度环境下的不足。

六、光流法检测的特点

1. 优点

（1）实时性强　光流法能够快速估计图像中的运动信息，适合实时处理，满足反无人机系统的时效性要求。

（2）适应性广　光流法适用于各种类型的图像序列，不依赖于特定的背景或场景，能够在不同环境下工作。

2. 缺点

（1）对噪声敏感　在图像质量较低或环境噪声较多时，光流法的精度会受到影响。

（2）处理大位移困难　光流法在处理大幅度运动时可能会失效，尤其是当无人机运动速度较快或在复杂背景中飞行时。

（3）依赖亮度变化　在实际场景中，光照条件和目标表面特性都会发生变化，亮度恒常性假设不总是成立。

4.4　多光谱识别与跟踪

一、多光谱识别与跟踪的设备类型

（1）可见光摄像头　利用可见光范围内的光线进行检测，适用于白天和光线良好环境下的检测，如图 4-19 所示。

（2）红外摄像头　利用红外线进行检测，适用于夜间或低亮度条件下的检测，如图 4-20 所示。

图 4-19　可见光摄像头

图 4-20　红外摄像头

二、多光谱识别与跟踪的工作原理

通过捕捉多个波段的光谱信息，多光谱摄像头能够提供比单一波段摄像头更为丰富的图像信息，它可以捕捉可见光、近红外和短波红外等不同波段的图像，把图像结合在一起，帮助识别和跟踪无人机。

三、多光谱识别的工作步骤

（1）多光谱成像（图 4-21）　多光谱摄像头同时捕捉多个波段的图像，这些波段通常包括可见光和红外光。

（2）特征提取　不同波段的图像信息可以用来提取无人机的特征，结合可见光和红外光等多种光谱范围可提高检测的准确性和可靠性。无人机在红外波段的反射率可能会与背景有显著差异，通过双光谱红外夜视 T 型云台摄像机可实现全天候不间断监控，对多光谱目标进行识别和跟踪，如图 4-22 所示。

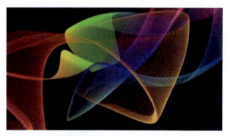

图 4-21　多光谱成像

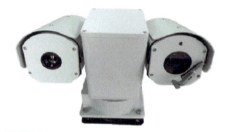

图 4-22　双光谱红外夜视 T 型云台摄像机

（图片源自：理工全盛）

（3）图像融合　将来自不同波段的图像进行融合，生成一幅包含更多信息的复合图像。

（4）目标检测　使用图像处理算法（边缘检测、背景减除和机器学习算法等），检测和识别图像中的无人机，如图 4-23 所示。

四、多光谱识别与跟踪的特点

1. 优点

（1）高分辨率　光学传感器（图 4-24）可提供高分辨率图像，还能够识别和跟踪小型目标。

图 4-23　检测和识别图像中的无人机

图 4-24　光学传感器

（2）视觉识别　可以仅通过视觉特征（形状和颜色）来识别目标，如图 4-25 所示，无须额外的信号。

（3）**适用多种环境** 可结合可见光和红外光，实现全天候监控。

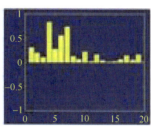

a) 模型   b) 曲线   c) 傅里叶扩张

图 4-25 视觉特征

2. 缺点

（1）**计算资源需求高** 图像处理和分析算法需要大量的计算资源，实时处理较为复杂。

（2）**视角限制** 视角受限于摄像头的覆盖范围，需要多个摄像头协同工作。

4.5 混合系统检测

一、混合系统

混合系统中包括声波传感器、光学传感器和射频传感器等，通过互补使用来提高检测的可靠性和精确度，如图 4-26 所示。

图 4-26 雷达、光电综合系统检测

二、混合系统的工作原理

（1）**多传感器融合** 将多个不同类型传感器的数据进行融合，通过数据处理和分析，获取更加全面、准确的无人机检测信息。

（2）数据同步与校准　为实现数据的准确融合和处理，应确保各传感器的数据已在时间和空间上进行了同步与校准。

（3）信息处理与决策　利用融合后的数据进行特征提取、目标识别和定位跟踪等信息处理，并做出相应的检测和预警决策。

三、混合系统检测的方法

混合系统检测结合了多种传感器技术，通过综合利用不同类型传感器的优势，实现对无人机的高效检测、定位和跟踪。

1. 传感器选择与布置

（1）雷达　适用于检测远距离无人机目标，具有全天候工作能力，可选择连续波雷达和调频连续波雷达等类型。

（2）声波传感器　利用麦克风阵列捕捉无人机的声波信号，适用于中、近距离的检测和定位。

（3）光学传感器　使用可见光摄像头、红外摄像头和多光谱摄像头，对无人机进行视觉检测和跟踪。

（4）射频传感器　检测无人机的无线电信号，适用于识别和跟踪使用特定频段通信的无人机。

2. 多传感器数据融合

（1）时空同步　对各传感器数据进行时间和空间上的同步校准，确保数据的一致性。

（2）数据预处理　对各传感器数据进行去噪和滤波等预处理，提高数据质量。

（3）特征提取　从各传感器的数据中提取无人机的特征信息，包括雷达反射强度、声波频谱特征、光学图像特征和射频信号特征等。

（4）数据融合算法　使用卡尔曼滤波和粒子滤波等算法，将多源数据进行融合，获取更精确的无人机位置和运动轨迹。

3. 目标检测与定位

（1）联合检测　综合各传感器的检测结果，通过决策融合方法（贝叶斯推理等）实现无人机的联合检测。

（2）联合定位　利用各传感器的定位数据，通过三角测量和波束形成等技术，实现无人机的精确定位。

4. 实时监控与预警

（1）实时处理　对各传感器数据进行实时处理和融合，对无人机的活动进行实时监控。

（2）**预警系统** 检测到无人机后，立刻触发预警系统，提供实时预警信息和响应措施。

四、混合系统检测的特点

1. 优点

（1）**综合性能优越** 结合了多种传感器技术的优势，提高了无人机检测的可靠性和精确度。

（2）**多样性与互补性** 不同传感器的互补使用，克服了单一传感器的局限性，适应复杂环境下的检测需求。

（3）**高鲁棒性** 混合系统具有较高的鲁棒性，能够应对多种干扰和复杂场景。

2. 缺点

（1）**成本较高** 多传感器系统的部署和维护成本较高。

（2）**系统复杂性** 各传感器的数据融合和处理需要用到复杂的算法和高性能的计算资源。

（3）**传感器校准要求高** 各传感器的数据同步和校准需要达到较高的精度，才能确保融合结果的准确性。

拓 展 阅 读

激光器的诞生

1960 年 5 月 16 日，西奥多·哈罗德·梅曼（Theodore Harold Ted Maiman）在美国加利福尼亚州休斯研究实验室成功制造出了世界上第一台激光器，如图 4-27 所示。他利用一种名为"光泵浦"（利用外界光源发出的光来辐照激光工作物质，以实现粒子数反转）的技术，将高功率闪光灯照射在涂有银层的红宝石棒上，激发了红宝石棒中的原子，使其处于兴奋态；红宝石棒作为激光介质吸收光的能量并将其储存为入口反转状态。

图 4-27　世界上第一台激光器

西奥多·哈罗德·梅曼将红宝石棒放置在两面镜子之间，形成了一个光学腔体，一面镜子允许部分光线穿过，而另一面镜子则将光反射，回到红宝石棒中；当红宝石棒中的兴奋态原子释放能量时，释放出的光子在镜子之间来回反弹，刺激更多的光子释放，产生了一束高相干性而且高强度的激光光束。激光光束通过部分透射镜发射出来，它具有红宝石材料特定的波长和较窄的光束发散度。激光器的问世为激光在电信、医学、工业和科学研究等各个领域的发展和应用奠定了基础。

复 习 思 考 题

一、填空题

1. 光学检测是利用_____传感器来捕捉无人机的_____。

2. 图像处理算法通过对图像进行_____和_____，_____目标的_____，实现对_____目标的_____。

3. Sobel算子是一种用于_____边缘检测算法，它通过计算_____中_____的_____来检测_____。

4. 光流法检测是基于图像序列的运动估计技术。在无人机反制系统中，_____通过分析物体在_____中的_____，_____和_____运动目标，适用于检测_____的目标，用于如无人机的_____。

5. 跟踪无人机的光流轨迹，预测其_____的运动_____，进而采取相应的_____措施，如发送_____信号、_____防御系统和_____等。

6. 可见光摄像头利用可见光范围内的_____进行检测，适用于_____和光线_____的环境。

7. 红外摄像头利用_____进行检测，适用于_____或_____条件下的检测。

8. 图像融合是指将来自_____的_____进行_____，生成一幅包含_____信息的_____。

9. 目标检测是指使用图像_____(_____、_____和_____等)，_____和_____中的无人机。

10. 联合定位是指利用各_____的_____，通过_____和_____等技术，实现无人机的精确定位。

二、简答题

1. 使用混合系统检测无人机时，结合了哪几种传感器技术？

2. 简述视觉识别技术在无人机检测中起到的作用。

3. 检测无人机时为什么要使用算法语言？

4. 检测无人机时能提取到哪些特征？

第5章 无人机反制常用技术

无人机反制技术分为干扰控制技术（软杀伤）和毁伤截获技术（硬杀伤）。无人机系统的"机上无人""人在控制回路"等特点是无人机反制技术的基础。

5.1 干扰控制技术概述

干扰控制技术包括光电对抗技术、信息干扰控制技术和数据链干扰控制技术等。运用这些技术的无人机反制装备可对目标无人机实施有效干扰控制，使目标无人机的自动驾驶与控制系统、通信系统及动力系统等失效，从而降低甚至丧失主要作战功能，如图5-1所示。

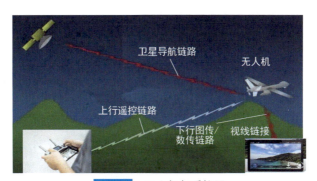

图 5-1 无人机与遥控器

干扰控制技术是无人系统非毁伤性失效的技术，不仅经济上更有效，而且可实现在非毁伤的状态下进行驱逐、欺骗及诱捕敌无人机。

无人机反制的常规措施包括电子干扰、电子欺骗及诱捕无人机。

通过实施电子干扰，可干扰控制无人机的通信或定位导航系统。如使用电子干扰枪可干扰控制目标无人机的遥控信号，如图5-2所示。欺骗性电子干扰是发射与无人机有用信号相同或相似并含有假信息的信号，使无人机的电子设备或操控人员真假难辨，造成错误的识别和判断。

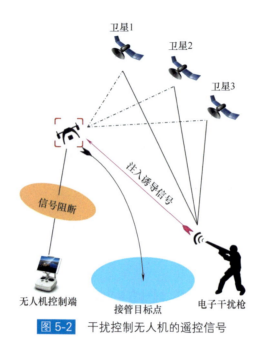

图 5-2   干扰控制无人机的遥控信号

5.2   射 频 干 扰

射频（Radio Frequency）干扰是通过监测、干扰控制或欺骗目标无人机的无线电通信信号，来进行检测和反制无人机的。

一、工作原理

1. 射频检测

射频检测是指射频无人机反制系统通过监测无线电频谱中的信号来探测目标无人机的存在。

（1）信号特征分析　无人机的控制信号和数据传输信号具有特定的频率范围和调制特征，射频无人机反制系统通过扫描特定的频段（通常是 2.4GHz、5.8GHz 等频段）来分析、识别目标无人机信号。

（2）信号强度测量　通过测量不同位置的信号强度，射频无人机反制系统能判断目标无人机的距离和方向，定位目标无人机的位置。

2. 信号干扰

当检测到无人机信号时，射频无人机反制系统会发射干扰控制信号，扰乱目标无人机与其控制端之间的通信。信号干扰主要通过以下方式进行。

（1）干扰控制　发射强大的无线电干扰信号，覆盖目标无人机使用的控制频段，阻止目标无人机接收来自控制端的指令。

（2）占用　占用无人机通信频段的带宽，使得目标无人机和目标无人机控制端无法进行有效通信，从而使目标无人机失去控制。

3. 信号欺骗

射频无人机反制系统还可以通过发送伪造的无线电信号，欺骗目标无人机的导航系统或控制系统，使其执行错误的命令。信号欺骗主要通过以下方式进行。

（1）GPS 欺骗（Global Positioning System Spoofing）　发射伪造的 GPS 信号，使目标无人机误认为自己处于正确的位置，从而偏离预定飞行路线或返航。

（2）控制信号劫持　复制或模拟目标无人机的控制信号，直接向目标无人机发送伪造的指令，控制目标无人机的飞行走向。最经典的案例是：2011 年 12 月，美国 RQ-170 隐形无人机（图 5-3）在执行任务时，被伊朗发现，伊朗对该无人机的通信线路进行了有效屏蔽，切断无人机与地面控制端的联系，并彻底切断了该无人机与 GPS 卫星之间的通信数据链，迫使其进入自动航行状态。同时还及时运用了无人机导航欺骗干扰控制技术，激活了该无人机导航控制的新信号，夺取了无人机的控制权，成功使无人机降落在伊朗境内。

图 5-3　被控制的 RQ-170 隐形无人机

4. 定位与跟踪

射频无人机反制系统通过测量不同位置的无线电信号强度和相位差，可以定位和跟踪目标无人机。

（1）多点定位　利用多个射频传感器接收到的信号，反制系统可以通过三角测量或多普勒效应等方法，精确定位目标无人机的位置。

（2）实时跟踪　确定目标无人机的位置后，反制系统可以持续监控其移动轨迹，并随时更新位置信息。

二、射频干扰的应用

1. 固定式射频无人机反制系统

固定式射频无人机反制系统通常安装在关键基础设施或敏感区域周围，用于长期监控和防御无人机威胁。

（1）全天候监控　固定式射频无人机反制系统通常部署多个射频传感器，覆盖整个监控区域，能够全天候监测任何无人机活动。

（2）自动化反制　根据预设的威胁等级，固定式反制系统自动激活信号干扰或信号欺骗措施，无须人工干预。

2. 移动式射频无人机反制系统

移动式射频无人机反制系统安装在车辆或便携设备上，移动式射频无人机反制设备可保护移动目标。

（1）战术部署　移动式无人机反制系统可以快速部署在任务区域内，提供临时的无人机防御能力，适用于军事行动或临时活动。

（2）灵活响应　移动式无人机反制系统可以根据无人机威胁的变化调整自身位置和干扰控制策略，可提供更灵活的防御方案。

3. 便携式射频干扰器

便携式射频干扰器通常由执法人员或安保人员携带，用于在特定场景中临时终止目标无人机威胁。常用的有手持干扰器，通过瞄准并发射定向射频干扰信号使目标无人机失去控制，如图 5-4 所示。

图 5-4　手持干扰器

便携式射频干扰器适用于短程防护场景，如在机场、演出现场或公共集会中防止无人机飞入禁飞区。

三、射频干扰的优势

（1）普适性　大多数无人机依赖射频信号进行控制和导航，因此射频无人机反制技术可以应对多种类型的无人机。

（2）非破坏性　相比物理拦截，射频干扰不会直接摧毁无人机，适用于需要保护周边安全的场景。

（3）远程控制　射频无人机反制系统能在较远的距离内，检测和干扰目标无人机。

四、射频干扰的挑战

（1）频段复杂　随着无人机技术的发展，高级无人机开始使用多频段通信或跳频技术，增加了射频干扰的难度。

（2）干扰合法信号　在无人机信号干扰控制的同时，会误伤部分合法的无线电信号。

（3）增加了抗干扰能力 高级无人机已具备抗干扰能力，如使用加密通信或抗干扰天线，可降低射频干扰的效果。

5.3 GPS 干扰和 GPS 欺骗

一、GPS 干扰和 GPS 欺骗的原理

GPS 干扰（GPS Jamming）和 GPS 欺骗（GPS Spoofing）是指通过发射伪造或强干扰的无线电通信信号，干扰或欺骗目标无人机，导致目标无人机无法正确获取位置信息。

二、反制方法

1. GPS 干扰

GPS 干扰是指通过发射强大的电磁噪声信号，覆盖或干扰目标无人机接收的 GPS 信号，导致目标无人机无法接收到卫星发送的定位信息，如图 5-5 所示。

GPS 干扰器工作在 GPS 信号的频率范围内，通过强大的发射功率覆盖这些频段。

1）L1 频段：1575.42MHz。

2）L2 频段：1227.60MHz。

2. GPS 欺骗

图 5-5 GPS 干扰

（1）伪造信号 通过发射伪造的 GPS 信号，欺骗目标无人机接收并解析出错误的位置信息。

（2）信号同步 欺骗信号需要与真实的 GPS 信号保持同步，以便使目标无人机无法分辨真伪信号。

三、优、缺点

1）优点：干扰目标无人机，使其无法导航或返回起始点。

2）缺点：会影响周围其他合法使用 GPS 的设备，使其受到限制。

5.4 宽 带 干 扰

一、宽带范围

宽带干扰会覆盖以下宽带频率范围：

1）1~6GHz：覆盖 2.4GHz 和 5.8GHz 的主要控制和传输信道，能够干扰多数无人机的通信和导航。

2）L 波段和 S 波段：对于军用或高级无人机，宽带噪声干扰需要在 1~4GHz 的频段，覆盖 L 波段和 S 波段。

3）更宽的频率范围：先进的干扰系统能够覆盖从几百兆赫兹到数十吉赫兹的频率范围，用于干扰复杂的无人机通信和控制系统。

二、干扰方法

1. 宽带干扰的原理

宽带干扰是通过产生强大的噪声信号来覆盖目标无人机的通信、导航或控制信道，使目标无人机无法接收到有效的指令或导航信号，从而导致目标无人机失控或迫降。

2. 干扰范围

无人机通常使用 2.4GHz 和 5.8GHz 频段进行通信和导航，大多数消费级和商用无人机使用这两个频段作为控制信号传输和图像传输信道。

1）2.4GHz 频段主要用于无人机的控制信号传输。

2）5.8GHz 频段主要用于无人机的高清图像传输。

3）GPS 频段——L1（1.57542GHz）和 L2（1.2276GHz）主要用于无人机的导航和定位。

4）部分无人机使用其他频段，如 L 波段（1~2GHz）和 S 波段（2~4GHz），用于特定的通信和控制。

3. 宽带噪声干扰器

宽带噪声干扰器需要大功率输出，才能在较大范围内有效干扰目标无人机，如图 5-6 所示。

三、宽带干扰的优、缺点

1）优点：干扰目标无人机，使其无法导航或返回起始点。

图 5-6　宽带噪声干扰器

2）缺点：影响周围其他合法使用宽带的设备，使其受到限制。

5.5　窄　带　干　扰

窄带干扰是一种针对特定频率或频段的干扰技术，常用于对抗目标无人机的通信或导航系统。

一、窄带范围

窄带干扰的频率范围通常较小，专注于特定的频率或通信信道，以达到最大干扰效果。相对于宽带而言，窄带的缺点是接入速度慢。窄带干扰的频率范围如下：

1）1~20MHz：带宽取决于目标通信或导航信道的宽度和干扰器的设计。

2）对于 2.4GHz 和 5.8GHz 等常见的频段，能够有效干扰目标无人机的控制信号或传输信号。

二、与宽带干扰的区别

窄带干扰集中在特定频率范围，以更高的能量密度、更高效地干扰目标频段，对其他频段影响极小。

1. 控制与视频信道

（1）2.4GHz 频段　大多数消费级和商用无人机使用的操控信道为 2.4~2.4835GHz。窄带干扰信号集中在 2.4GHz 的子频段内（2.400~2.425GHz 或 2.450~2.475GHz），覆盖无人机的控制信道。

（2）5.8GHz 频段　用于视频、图像传输的频率范围为 5.725~5.850GHz。窄带干扰集中在 5.8GHz 的子频段内（5.740~5.760GHz），足以干扰目标无人机的视频、图像传输。

2. GPS 导航信号

（1）L1 频段（1.57542GHz）　GPS 系统的主要频段能够穿透云层和简单的障碍物，为无人机提供准确导航和定位。窄带干扰在 1.575~1.576GHz 范围内，加上导航欺骗手段，可以对干扰压制形成有效补充，提供更灵活多样的反制手段。该频段可专门用于干扰 GPS 信号，导致目标无人机失去定位能力。

（2）L2 频段（1.2276GHz）　该频段用于增强 GPS 信号的精度。L2 频段的信号比 L1 频段的信号更强，可用于精确的大气层干扰校正，在复杂的环境中，能为无人机提供更好的定位和导航性能。窄带干扰范围集中在 1.227~1.228GHz 范围内，能够有效影响目标无人机导航精度，如图 5-7 所示。

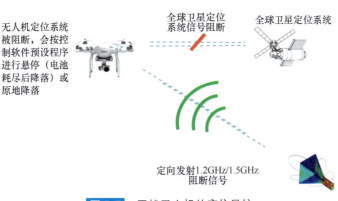

图 5-7　干扰无人机的定位导航

三、窄带干扰的效果

1）精确打击。窄带干扰的优势在于其高效、精确的干扰能力，只针对目标无人机的关键通信或导航信道进行干扰，不会影响其他频段的设备。

2）调节带宽。窄带干扰的带宽可以根据目标信号的特性进行调整，确保在不同环境和应用场景下的有效性。在复杂的电磁环境中，窄带干扰可以调节为更小的带宽，以避免对非目标无人机的干扰。

5.6　全频段干扰

全频段干扰如图 5-8 所示。

一、全频段干扰使用的频段

1）干扰频段 1：2400~2500MHz，干扰控制信号和图像传输信号。

2）干扰频段 2：5700~5900MHz，干扰控制信号和图像传输信号。

3）干扰频段 3：1550~1625MHz，干扰无人机导航信号。

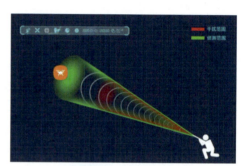

图 5-8　全频段干扰

（图片源自：航禾）

4）干扰频段 4：915~928MHz，干扰控制信号和图像传输信号。

5）干扰频段 5：430~440MHz，干扰控制信号和图像传输信号。

6）干扰频段 6：840~845MHz，干扰控制信号和图像传输信号。

7）干扰频段 7：1160~1280MHz，干扰控制信号和图像传输信号。

8）干扰频段 8：1430~1444MHz，干扰控制信号和图像传输信号。

二、全频段干扰的设备特点

无人机全频段干扰设备如图 5-9 所示，该设备具备以下特点：

1）具备强大的频谱覆盖能力。能够针对目标无人机通信所使用的多种频段进行全方位、无死角干扰。在 300~6000MHz 频段内，可任意设置干扰通道输出，实现全频段覆盖，可有效防止目标无人机通过更换频段来规避干扰，确保干扰效果的全面性和可靠性。

2）具有智能化、自动化的特点。通过集成先进的信号识别与处理技术，能够迅速识别并锁定目标无人机信号，自动调整干扰策略，实现精准干扰。

3）支持远程操控与实时监控。操作人员可远程对

图 5-9　无人机全频段干扰设备

（图片源自：蓝景）

干扰任务进行部署与监控，大大提高了工作效率与安全性。

4）具备良好的隐蔽性与便携性。采用小型化、模块化设计，便于携带与部署，可灵活应对各种复杂环境。

5.7　脉冲干扰

脉冲干扰是一种电子对抗技术，通过发射高强度的短脉冲信号来干扰或中断目标无人机的通信、控制和导航等系统。该技术主要适用于在短时间内破坏目标无人机的正常运行，不会对其他频段或设备造成长时间的持续影响。

一、脉冲（Pulse）

脉冲是指在特定时间间隔内迅速变化的信号，它通常表现为一个短暂的、快速的信号峰值，随后返回到初始状态。脉冲信号的关键特征是瞬时性，即在非常短的时间内达到峰值，然后迅速下降至初始状态。

二、脉冲的基本特征

1）脉冲宽度：指脉冲的持续时间，即脉冲信号保持在高电平的时间长度。通常以 s、μs 或 ns 为单位。

2）脉冲幅度：指脉冲信号的强度或电压的峰值，也就是信号达到的最大值。

3）脉冲重复频率：指连续脉冲之间的重复频率，即每秒内产生的脉冲数量，常以 Hz 为单位。

4）占空比：指脉冲的高电平与整个脉冲周期（包括高电平和低电平）的比例。它通常以百分比表示，占空比越高，脉冲信号处于高电平的时间越长。

三、脉冲的类型

1）方波脉冲。方波脉冲是指信号从低电平迅速跃升至高电平，保持一段时间后再次快速返回至低电平的脉冲。方波脉冲上升沿和下降沿非常陡峭，如图 5-10 所示。

2）尖峰脉冲。尖峰脉冲是指脉冲的宽度非常窄，呈现为一个瞬时的尖峰，如图 5-11 所示。

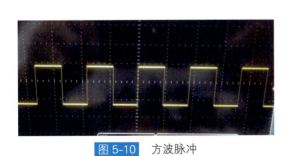

图 5-10　方波脉冲

图 5-11　尖峰脉冲

3）双极性矩形脉冲。双极性脉冲是指脉冲信号从零值迅速跃升至正值，然后回到零，再跃降至负值，最后返回至零值。双极性矩形脉冲如图 5-12 所示。

4）脉冲串。脉冲串是指多个连续脉冲组成的信号序列，3D 脉冲串如图 5-13 所示。

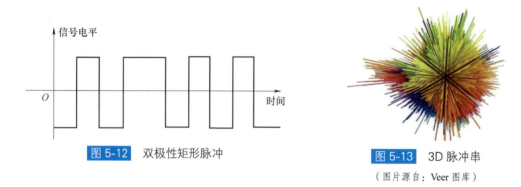

图 5-12　双极性矩形脉冲

图 5-13　3D 脉冲串

（图片源自：Veer 图库）

四、脉冲干扰的原理

脉冲干扰是指通过发射一系列高功率的短脉冲信号来覆盖或压制目标无人机的通信和导航信号，使目标无人机失去控制或失去定位能力。

（1）高能量脉冲　脉冲干扰系统发射的每个脉冲都具有极高的能量密度，能够瞬时压制或覆盖目标信号。

（2）时间间隔控制　脉冲干扰系统发射脉冲信号通常是间歇性的，通过调节脉冲的频率、占空比和时间间隔，脉冲干扰系统可以优化对目标无人机的影响。

（3）频率的选择性　脉冲干扰系统可以针对特定的频段或信道对目标无人机实施高效干扰。

五、脉冲干扰的方法

1. 目标识别与锁定

（1）频率扫描　通过频率扫描或频谱分析，识别目标无人机正在使用的通信、控制或导航频段，锁定目标无人机使用的是否为 2.4GHz 频段、5.8GHz 频段或 GPS 的 L1（1.57542GHz）频段。

（2）信号特性分析　对目标信号的波形、带宽和调制方式进行分析，优化脉冲干扰的参数设定。

2. 脉冲参数的设定

（1）脉冲频率　设定脉冲干扰的频率与目标信号的频率相同或相近，确保能够有效覆盖或压制目标信号。

（2）脉冲宽度　选择适当的脉冲宽度（纳米到微米级），使干扰效果最大化，对其他设备的影响最小化。

（3）脉冲重复频率　设定脉冲信号的重复频率，确保用足够的干扰密度持续压制目标无人机的信号。

3. 干扰信号发射

（1）定向发射　使用定向天线（图 5-14）或阵列天线（图 5-15），将干扰信号聚焦于目标无人机，以提高干扰效果。

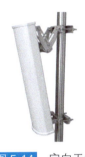

图 5-14　定向天线

图 5-15　阵列天线

（2）功率控制　调节发射功率，确保脉冲信号能够覆盖目标无人机的通信或导航信号，避免功率过大导致其他非目标设备受到干扰。

4. 干扰效果监测

（1）实时监测　通过监测目标无人机的响应，包括信号强度、位置漂移及控制信号丢失等，评估干扰效果。

（2）反馈调节　根据实时监测的结果，动态调整脉冲干扰的频率和宽度等干扰参数。

六、脉冲干扰的应用

1. 通信系统

在通信系统中，脉冲信号用于数字通信中的数据传输，主要集中在脉冲编码调制（PCM）中，如图 5-16 所示。

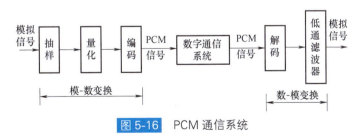

图 5-16　PCM 通信系统

2. 雷达系统

雷达系统通过发射脉冲电磁波，并接收反射回的信号来测量目标无人机的距离和速度；脉冲宽度和脉冲重复频率决定了雷达的探测能力。

3. 脉冲激光

脉冲激光器能够在极短时间内产生高强度的激光脉冲，用于精密加工、激光测距及激光通信等领域。

4. 安全领域

脉冲干扰系统框图如图 5-17 所示。

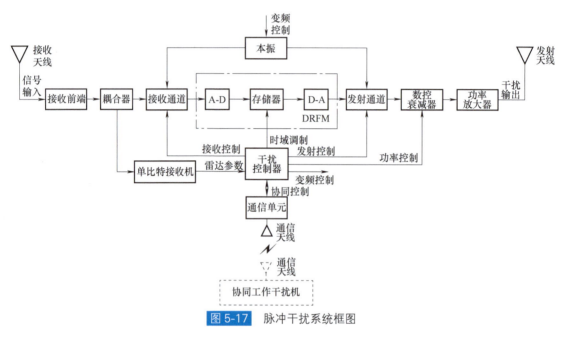

图 5-17　脉冲干扰系统框图

（1）**军事领域**　在军事领域，脉冲信号用于电子对抗，脉冲干扰器通过发射强大的脉冲信号来干扰敌方无人机的通信或雷达信号，如图 5-18 所示。

（2）**机场和关键设施保护**　在机场或核电站等关键设施周围使用脉冲干扰，可防止无人机的非法入侵或恐怖袭击。

（3）**大型活动安全**　在大型公共活动中，可使用脉冲干扰器保护人群。

图 5-18　电子对抗

七、脉冲干扰的优势

（1）**瞬时性**　脉冲信号能够在极短的时间内传输高能量，因此在许多应用中能够迅速传递信息或能量。

（2）**高效性**　由于脉冲信号可在短时间内达到高峰值，因此在通信和雷达等应用中能够提供高效的信号传输和探测能力。

（3）精确性　脉冲信号的参数（宽度、频率）可被精确调节，以满足特定应用的需求。

八、脉冲干扰挑战

1）脉冲信号变化快速，通常需要较宽的带宽来传输。

2）脉冲信号容易受到其他信号或噪声的干扰，在实际应用中，需要额外的措施来确保信号的完整性。

5.8　微波武器

一、微波

微波是一种高频电磁波，波长范围在 1mm~1m 之间，频率在 0.3~300GHz 之间。微波具有类似光的特性，在空气中以光速沿直线传播，地球同步轨道高度大约为 36000km，微波 0.125s 即可到达，没有时间延迟。

二、微波武器

微波武器又叫射频武器或电磁脉冲武器。它是一种利用高能量的电磁波辐射攻击和毁伤目标的武器。利用高频电磁波（微波频段）的能量，通过发射强烈的微波束，能够对电子设备、人类身体或其他物体造成破坏或干扰。

1. 微波武器的组成

微波武器主要由高功率发射机、大型高增益天线和瞄准、跟踪、控制等系统组成。微波发射源（微波管或磁控管）配合定向天线或抛物面反射器可将微波能量集中传输到目标上。

2. 微波的能量密度

1）微波能量密度达到 0.01 ~1μW/cm² 时，将使相应波段的雷达瘫痪。

2）微波能量密度达到 10 ~100W/cm² 时，可烧毁此波段的所有电子元件，还可直接杀死装甲车内的人员。

3. 干扰距离

1）在远距离上，微波武器能对目标的光电设备进行干扰。

2）在近距离上，微波武器能杀伤有生力量，引爆各种装备或直接摧毁目标。

三、微波武器的工作原理

微波与被照射物之间的分子相互作用，利用微波辐射的高能量来产生热效应、电场效应或其他形式的干扰效应，将电磁能转变为热能，过多的热量会导致组织损伤、设备过热或材料熔化。

微波武器的特点是：不需要传热过程，就可使被照射材料中的分子运动起来，使被照射物内、外同时受热，产生高温以烧毁材料。

微波产生的强电场可以影响电子设备的正常运行，高强度的微波能导致电子设备内部的电路产生过高的电流和电压，从而导致短路、烧毁或者直接损坏电子元件，用来摧毁或瘫痪敌方无人机的通信、雷达系统或导弹电子控制系统，如图 5-19 所示。

图 5-19　微波武器摧毁无人机

同时，微波武器可以产生类似电磁脉冲的效应，能够瞬间干扰或毁坏范围内的所有电子设备。电磁脉冲防御系统如图 5-20 所示。

图 5-20　电磁脉冲防御系统

四、微波武器的类型

根据工作频率、能量输出和用途的不同，微波武器分为以下几种类型：

1）高功率微波武器：发射高功率的微波脉冲，摧毁或瘫痪目标电子设备和通信系统，产生强烈的电场效应或热效应，能够在短时间内对目标造成毁灭性打击。

2）定向能武器：通过定向发射高强度的微波束，控制微波束的方向、频率和强度，集中攻击特定目标，精确打击远距离目标，如图 5-21 所示。

图 5-21　定向能武器攻击无人机

3）软杀伤微波武器：通常用于非致命的控制场景，如驱散人群或防止入侵者。软杀伤微波武器的微波功率较低，但仍足以引发人员不适、暂时瘫痪或破坏目标设备，但不会对人员或目标设备造成永久性伤害。

五、微波武器的应用

1）微波武器可以摧毁或干扰无人机、巡航导弹和其他精密制导武器的电子控制系统，使其丧失功能或偏离目标。

2）微波武器可以用于压制敌方的雷达系统和通信系统，通过破坏或干扰敌方的电子设备，削弱其作战能力。

3）在战场上，微波武器可以用来驱散敌军或非致命地瘫痪敌军。

4）低功率的微波武器可以用于非致命性的人群控制场景，通过产生强烈的热感或不适感，从而驱散骚乱人群或入侵者。

5）微波武器可以用来检测和干扰非法入境者携带的电子设备，阻止潜在威胁。

六、微波武器的优、缺点

1. 优点

（1）可进行非接触式攻击　微波武器能够在远距离发起攻击，无须物理接触目标，可减少己方人员伤亡风险。

（2）可进行精确打击　微波武器能够定向攻击特定目标，最大可能地降低附带损害。

（3）具有即时效应　微波武器能在极短时间内产生效果，适用于高速和动态战场环境。

2. 缺点

（1）有条件限制　微波武器的有效性可能受天气、地形及目标材料的影响，部分材料可能会反射或吸收微波，从而降低微波武器的效能。

（2）具有潜在的不可预测性　在高密集的电子环境中，微波武器可能会干扰友军设备或造成意想不到的附带损害。

（3）成本高、技术复杂　微波武器系统通常非常复杂、昂贵，维护和操作也需要专业培训。

5.9　硬杀伤武器

（1）霰弹枪　霰弹枪又称滑膛枪，也称为鸟枪，如图 5-22 所示。霰弹枪的枪管较粗，子弹粗大，射击的时候能够发射出许多小颗粒弹丸，弹药火力大，杀伤面宽，是近距离对付无人机或者光纤无人机的有效武器。

图 5-22　霰弹枪及弹药

（2）肩扛式激光发射器　2025 年 5 月，法国一家公司最新推出了一种新型肩扛式激光发射器，其激光功率足以摧毁小型、微型无人机关键性的零部件：摄像头、传感器及飞控等电子元器件，是对付小型、微型光纤制导无人机的杀手。肩扛式激光发射器如图 5-23 所示。

（3）导弹攻击　可从飞机或者地面上直接发射导弹摧毁无人机，如图 5-24 所示。

图 5-23　肩扛式激光发射器

图 5-24　从飞机上直接发射导弹摧毁无人机

（4）高能激光武器　高能激光武器通过强激光照射损伤目标无人机的外壳及内部电路，如图 5-25 所示。它具有灵敏度高、反应快、命中率高以及打击成本低等特点。由于高能激光武器需要消耗大量的电能，能量存储设备的微型化是其应用的关键技术。

（5）高能微波武器　微波武器具有无人机反制系统作战的巨大潜力，通过发射高功率微波可损毁无人机系统内部的电子元件，或定向发射一系列微波辐射，一举击落无人机机群，如图 5-26 所示。

图 5-25　高能激光武器

图 5-26　高能微波武器

（6）**攻击型无人机**　攻击型无人机是用于攻击地面和空中目标的无人驾驶作战的无人机，如图 5-27 所示。

（7）**常规火力毁伤无人机**　根据无人机的监测信息，采取高射机枪炮、防空导弹系统配合的方式组成地面—空中火力打击网，可对无人机实施火力摧毁，如图 5-28、图 5-29 所示。

图 5-27　攻击型无人机

图 5-28　常规火力毁伤（一）

（8）**电子毁伤弹**　2024 年 12 月，美国一家私人公司推出一种新型电子毁伤弹（图 5-30），用于对付光纤制导无人机。电子毁伤弹的核心功能是在撞击光纤制导无人机时，释放出一种特殊粉末，这种粉末通常由磁性或晶须化合物等电子干扰材料组成，能够精确地干扰目标无人机的摄像头、激光雷达等机电系统，导致其电路短路或过载，使其电子系统失效，实现毁伤效果。

图 5-29　常规火力毁伤（二）

图 5-30　电子毁伤弹

5.10　物 理 拦 截

常用的物理拦截方法有以下几种：

1）使用无人机携带拦截网，捕捉目标无人机，如图 5-31 所示。

2）用经过专业训练的老鹰在空中捕捉非法入侵的无人机，如图 5-32 所示。

图 5-31　拦截网捕捉无人机

图 5-32　经过专业训练的老鹰在空中捕捉无人机

（图片源自：大众论坛）

3）使用便携式干扰枪，运用强干扰的方法来阻断无人机接收 GPS 信号。

拓 展 阅 读

微波炉的发明

斯宾塞是一位美国工程师，在雷神公司工作期间，他参与了雷达设备的研究和开发。1945 年，斯宾塞在测试用于雷达装备的微波辐射器（磁控管）时，意外地发现他口袋里的巧克力融化了。他敏感地捕捉到微波能使物体发热的奇特现象，激发了他对微波热效应的深入研究，最终研发出了微波炉，如图 5-33 所示。

图 5-33　微波炉

复 习 思 考 题

一、填空题

1. 无人机反制技术分为两种类型：_____技术（_____）和_____技术（_____）。

2. 干扰控制技术即_____技术、_____技术和_____技术等。

3. 射频无人机反制系统还可以通过发送_____信号，_____目标无人机的_____系统或_____系统，使其执行_____的_____。

4. 信号同步——_____需要与_____保持同步，以便使目标无人机_____信号。

5. 部分无人机使用其他频段如_____波段（_____GHz）和_____波段（_____GHz）用于特定的通信和控制。

6. 窄带干扰集中在_____GHz 的子频段内（_____GHz~_____GHz），足以_____目标无人机_____、_____。

7. 脉冲干扰系统发射的每个脉冲都具有_____的_____，能够_____或_____目标_____。

8. 设定脉冲信号的重复频率，确保_____的_____目标无人机的_____。

9. 微波武器能够在远距离外发起攻击，无须_____目标，可_____己方人员_____。

10. 高能激光武器——_____通过无人机_____目标无人机_____及_____来摧毁目标。具有_____、_____、_____、打击_____的特点。

二、简答题

1. 干扰无人机的方法主要有哪些？

2. 在什么样的情况下需要使用微波武器？

3. 什么人或者什么企业可以使用干扰武器？

第6章 无人机反制设备及其应用

6.1 低空探测雷达

1. 雷达波段：Ku 波段（16.01~17.018GHz）

1）1.5km 低空探测雷达，是一种方位机扫、俯仰频扫的脉冲多普勒体制三坐标雷达，发射功率峰值 20W，探测距离 1.5km，主要用于对低空飞行器进行探测、定位，如图 6-1 所示。

2）3km 低空探测雷达，是一种方位机扫、俯仰频扫的脉冲多普勒体制三坐标雷达，发射功率峰值不大于 120W，探测距离 3km，主要用于对低空飞行器进行探测、定位，如图 6-2 所示。

3）5km 低空探测雷达，是一种方位机扫、俯仰频扫的脉冲多普勒体制三坐标雷达，发射功率峰值不大于 160W，探测距离 5km，主要用于对低空飞行器进行探测、定位，既可以车载，也可以使用三脚架架设或固定安装，适用于重要集会时的局域综合布防等应用场景，如图 6-3 所示。

| 图 6-1 | 1.5km 低空探测雷达 | 图 6-2 | 3km 低空探测雷达 | 图 6-3 | 5km 低空探测雷达 |

（图片源自：理工全盛）

2. 雷达波段：X 波段（9~10.2GHz）

1）4km 低空探测雷达，是一种方位机扫、俯仰频扫的脉冲多普勒体制三坐标雷达，发射功率均值不大于 100W，探测距离 4km，主要用于对低空飞行器进行探测、定位。

这种雷达可以精确探测目标的空间位置，配接光电系统，与干扰、激光武器、导航欺骗等反制设备关联使用，如图 6-4 所示。

2）7km 低空探测雷达，是一种方位机扫、俯仰频扫的脉冲多普勒体制三坐标雷达，发射功率均值不大于 400W，探测距离 7km，主要用于对低空飞行器进行探测、定位。这种雷达可以精确探测目标的空间位置，配接光电系统，与光电系统联动，并与干扰、激光武器、导航欺骗等反制设备关联使用。该雷达可以做到全自动无人值守、自动目标搜索跟踪，具备对低空目标三坐标探测的能力。可由圆周扫描工作模式切换到扇形扫描工作模式，对目标进行扇形跟踪，如图 6-5 所示。

图 6-4　4km 低空探测雷达　　　　图 6-5　7km 低空探测雷达

(图片源自：理工全盛)

6.2　手持式无人机探测、定位设备

手持式无人机探测、定位设备是可精准探测、定位无人机和操控员（控制端）的便携式产品，如图 6-6 所示。

图 6-6　手持式无人机探测、定位设备

(图片源自：上海特金)

1. 手持式无人机探测、定位设备的识别原理

通过对无人机信号的深度频谱分析及特征识别，单台手持式设备可实现在探测范围内对无人机的序列号、型号、位置、速度、高度、航迹及操控员位置等多维信息的实时监测，如图 6-7 所示。

图 6-7　无人机信号的深度频谱分析及特征识别

（图片源自：上海特金）

H1L 手持式无人机
定位设备

2. 手持式无人机探测、定位设备的应用场景

手持式无人机探测、定位设备可用于重大活动、机场等的保障，如图 6-8 所示。

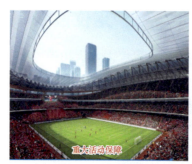

图 6-8　保护大型会议、大型展馆

（图片源自：上海特金）

3. 手持、固定式无人机探测、定位设备概述

BAT-H1050 型手持、固定式无人机探测、定位设备是集无人机侦察、诱骗为一体的装备，集六种电侦算法、四模导航诱骗于一体，高度集成。单台装备就可实现无人机侦测、诱骗的全流程管控，如图 6-9 所示。

手持、固定式无人机探测、定位设备的操作方法为：打开手持设备→寻找目标（无人机）→发现多个目标，如图 6-10 所示。

使手持固定式无人机探测、定位设备发现非法侵入目标后，可实施击落，如图 6-11 所示。

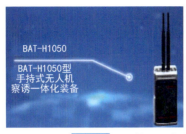

图 6-9　手持、固定式无人机探测、定位设备

（图片源自：理工全盛）

图 6-10　操作使用方法

（图片源自：理工全盛）

图 6-11　实施击落

（图片源自：理工全盛）

6.3　手提式无人机探测、定位设备

手提式无人机探测、定位设备是常用的宽带探测、定位设备。

手提式无人机探测、定位设备是集软件、硬件于一体的便携式无人机探测手提箱，能对无人机进行探测、定位，如图 6-12 所示。

手提式无人机探测、定位设备的作用是：通过对无人机信号的深度分析和数据挖掘，使用单台设备就能实现对探测范围内无人机的序列号、型号、位置、速度、高度、海拔、起飞点、返航点、航行轨迹及无人机操控员位置等多维信息进行实时探测、定位，如图 6-13 所示。

手提式无人机
探测、定位设备

图 6-12 手提式无人机探测、定位设备

（图片源自：上海特金）

图 6-13 对探测范围内无人机的数据进行实时探测、定位

（图片源自：上海特金）

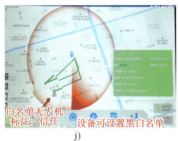

j)　　　　　　　　　　k)　　　　　　　　　　l)

图 6-13　对探测范围内无人机的数据进行实时探测、定位（续）

（图片源自：上海特金）

6.4　固定式无人机探测、定位设备

一、固定式无人机探测、定位设备

1. 固定式无人机探测、定位设备概述

固定式无人机探测、定位设备是通过对无人机信号的深度分析和数据挖掘，实现对探测范围内无人机的序列号、型号、位置以及操控员位置等多维信息的实时探测，如图 6-14 所示。

图 6-14　固定式无人机探测、定位设备

（图片源自：上海特金）

2. 固定式无人机探测、定位设备结构

固定式无人机探测设备主要由设备主机和控制软件组成（图 6-15），可独立发现、预警、识别及定位无人机（部分常见机型）。多台固定式无人机探测、定位设备组网可实现多品牌、多机型以及自制机、穿越机的实时精准探测、定位。

图 6-15　固定式无人机探测、定位设备主机和控制软件

（图片源自：上海特金）

固定式无人机探测、定位设备的设备主机结构如图 6-16 所示。

固定式无人机探测、定位设备

3. 固定式无人机探测、定位设备的功能

1）显示监测区域的电子地图，如图 6-17 所示。

图 6-16　设备主机结构

（图片源自：上海特金）

2）显示探测测向列表，如图 6-18 所示。

图 6-17　电子地图

图 6-18　探测测向列表

（图片源自：上海特金）

3）单台设备可实现同时对多个目标测向，如图 6-19 所示。

4）测向距离可以达到 4km，如图 6-20 所示。

图 6-19　对多个目标测向

图 6-20　测向距离可以达到 4km

（图片源自：上海特金）

5）双站交叉可粗略定位目标位置，如图 6-21 所示。

6）多站组网（不小于 3）构建 TDOA 系统，如图 6-22 所示。

7）可以实现无人机目标高精度定位，如图 6-23 所示。

8）可以对目标无人机实现轨迹跟踪及 TDOA 组网定位，如图 6-24 所示。

9）可以跟踪各种类型的无人机，如图 6-25 所示。

10）系统具备 100MHz~6GHz 全频段扫频功能，如图 6-26 所示。

11）对异常信号可自动监测并标识，如图 6-27 所示。

TDOA+AOA
融合定位设备

图 6-21　双站交叉粗略定位目标

（图片源自：上海特金）

图 6-22　构建 TDOA 系统

图 6-23　实现高精度定位

（图片源自：上海特金）

图 6-24　轨迹跟踪及 TDOA 组网定位

图 6-25　跟踪各类无人机

（图片源自：上海特金）

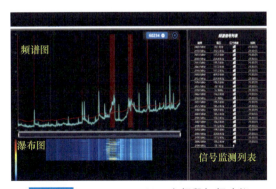

图 6-26　100MHz~6GHz 全频段扫频功能

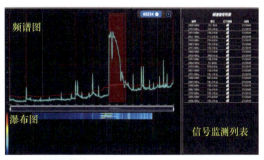

图 6-27　异常信号自动监测、标识

（图片源自：上海特金）

12）系统可以自动添加白名单，如图 6-28 所示。

13）探测到白名单上的无人机时，系统不会报警，如图 6-29 所示。

图 6-28　自动添加白名单

（图片源自：上海特金）

图 6-29　探测到白名单上的无人机时，系统不会报警

（图片源自：上海特金）

14）系统可以对目标无人机进行联动反制，如图 6-30 所示。

15）引导设备，实现对目标无人机进行处置，如图 6-31 所示。

联动反制/诱骗

可与反制类设备联动

图 6-30 联动反制

（图片源自：上海特金）

引导设备实现目标处置

图 6-31 对目标无人机进行处置

（图片源自：上海特金）

16）可应用在高铁站、大型化工企业（图 6-32）等场景。

图 6-32 应用在高铁站、大型化工企业等场景

（图片源自：上海特金）

二、集无人机探测与反制为一体的设备

1. 集无人机探测与反制为一体的设备结构

集无人机探测与反制为一体的设备的主体结构，如图 6-33 所示。探测与反制设备可安装在移动车辆上，如图 6-34 所示。探测与反制设备是运用频普感知、特征识别技术来工作的，如图 6-35 所示。

无人机探测与反制一体装备

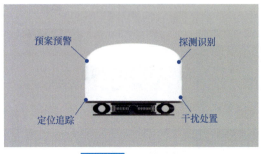

图 6-33　主体结构

图 6-34　安装在移动车辆上

（图片源自：上海特金）

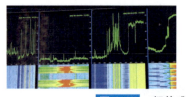

图 6-35　频普感知、特征识别技术

（图片源自：上海特金）

2. 集无人机探测与反制为一体的设备的功能

1）探测与反制设备开启探测时如图 6-36 所示。发现无人机时系统进入预警状态。

图 6-36　开启探测

2）同步识别无人机唯一序列号，如图 6-37 所示。

3）同步定位、显示无人机位置，如图 6-38 所示。

4）定位无人机操控员位置，如图 6-39 所示。

图 6-37 识别无人机唯一序列号

图 6-38 显示无人机位置

（图片源自：上海特金）

5）识别白名单无人机飞行轨迹，如图 6-40 所示。

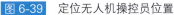

图 6-39 定位无人机操控员位置

图 6-40 识别白名单无人机飞行轨迹

（图片源自：上海特金）

6）可以使用手动或者自动反制模式实施反制，如图 6-41 所示。

7）无人机被驱离或者迫降，如图 6-42 所示。

图 6-41 实施反制

图 6-42 驱离或迫降

（图片源自：上海特金）

三、无人机无线电信号探测设备

1. 无人机无线电信号探测系统

无人机无线电信号探测系统是由无人机无线电探测天线、射频

无线电信号
探测设备

接收机组件、信号处理组件、数据处理组件和配件组成。可探测发现 300MHz~6GHz 全频谱范围内的无人机无线电信号,监测范围为半径 5km 的圆形区域。

根据无人机的无线电信号实施检测,在控制端开启的第一时间,系统可迅速自动对无人机进行探测,通过声、光进行预警,同时将探测结果通过网络发送给无人机监管终端设备,如图 6-43 所示。

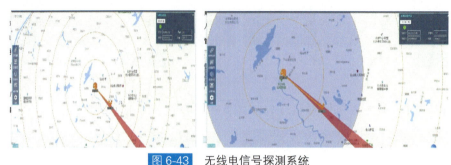

图 6-43 无线电信号探测系统

(图片源自:坤雷)

无人机无线电信号探测设备的技术优势:

1)采用无源定位技术,利用无人机与控制端发射的电磁波信号进行辐射源定位,不会对现有设备产生干扰,安全可靠。无须无人机起飞,地面开机即可探测,具备早期预警能力。

2)无人机无线电信号探测系统不受气候条件影响,可全天候无人值守工作。

3)通过特有的天线、通道处理技术以及超强的微信号处理能力,能够实施远距离侦测。

4)构建无人机发射机频谱特征库,能够对特征库内无人机的厂家、型号进行识别,并提供扩展接口,可不断更新数据库。

5)通过对信号的识别,起飞前即可发现操控员,也可抵近式定位。

2. 无人机无线电信号探测器

无人机无线电信号探测器如图 6-44 所示,探测中如图 6-45 所示。

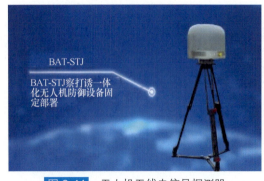

图 6-44 无人机无线电信号探测器

图 6-45 探测中

(图片源自:理工全盛)

　　无人机无线电信号探测器发现入侵目标如图 6-46 所示。对入侵目标实施击落，如图 6-47 所示。

图 6-46　发现入侵目标

图 6-47　实施击落

（图片源自：理工全盛）

6.5　反 制 设 备

一、反制枪

1. 反制枪类型

　　反制枪包括便携式干扰反制枪和手持式无人机察打一体化反制枪。

　　1）便携式干扰反制枪。干扰频段：1.6GHz、2.4GHz、5.8GHz，拦截距离可达 1.5km，如图 6-48 所示。

　　2）手持式无人机察打一体化反制枪。无源探测，探测单元不主动发射电磁波信号，无干扰。能对多频段进行反制，对各种无人机的通信、导航链路进行反制，如图 6-49 所示。

图 6-48　便携式干扰反制枪

（图片源自：理工全盛）

图 6-49　手持式无人机察打一体化反制枪

（图片源自：上海特金）

2. 手持式反制枪应用方法

　　1）手持式无人机察打一体化反制枪的结构如图 6-50 所示。

　　2）使用手持式无人机察打一体化反制枪瞄准无人机，如图 6-51 所示。

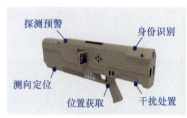

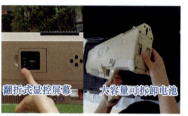

手持式无人机
察打一体设备

图 6-50　手持式无人机察打一体化反制枪的结构

（图片源自：上海特金）

图 6-51　瞄准无人机

（图片源自：上海特金）

3）手持式无人机察打一体化反制枪的显示屏如图 6-52 所示。

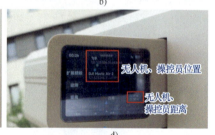

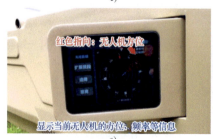

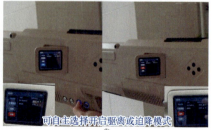

图 6-52　手持式无人机察打一体化反制枪的显示屏

（图片源自：上海特金）

4）反制枪通过发射特定频段电磁波对无人机进行干扰，阻断无人机的通信或导航链路，快速实现迫使无人机降落或者驱离无人机的目标，如图 6-53 所示。

图 6-53　迫使无人机降落或者驱离无人机

（图片源自：上海特金）

5）手持式无人机察打一体化反制枪能够对各类无人机进行反制，确保安全。

二、干扰器

全频段跟踪定向干扰器如图 6-54 所示，光电定向干扰器如图 6-55 所示。

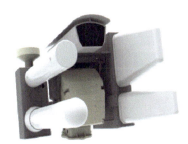

图 6-54　全频段跟踪定向干扰器　　　　　图 6-55　光电定向干扰器

（图片源自：理工全盛）

三、导航欺骗

无人机导航欺骗设备通过采用先进的卫星导航模拟技术，产生发射导航诱导信号，使无人机原地降落、驱离无人机或者引导无人机定点降落，通过部署无人机导航欺骗设备，形成以设备为中心的半球形管控区域。在管控区域内，无人机无法起飞；管控区域外，无人机无法进入。无人机欺骗设备还能对抗无人机集群，可以多站点分布式部署，形成无人机管控网络，覆盖更大的管控面积，同时便于管理，如图 6-56 所示。

图 6-56　导航欺骗设备

（图片源自：理工全盛）

四、主动防御设备

便携式主动防御设备如图 6-57 所示。全向干扰器如图 6-58 所示。固定式主动防御设备如图 6-59 所示。

图 6-57　便携式主动防御设备

图 6-58　全向干扰器

（图片源自：理工全盛）

图 6-59　固定式主动防御设备

（图片源自：理工全盛）

（图片源自：上海特金）

6.6　无人机反制防御体系

1. 防御、反制

筑建 3 级无人机反制防御体系，分别是 1 级为黄色（预警），2 级为蓝色（防御），3 级为红色（反制），如图 6-60 所示。

无人机防御系统 1

无人机防御系统 2

无人机防御系统 3

通过黑名单、白名单比对，无人机反制防御系统对无人机进行防御和反制。

2. 无人机反制防御系统

无人机反制防御系统是采用网格化组网，如图 6-61 所示。

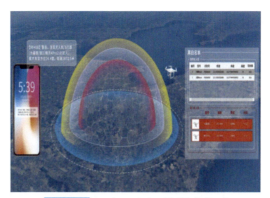

图 6-60 3 级无人机反制防御体系

（图片源自：上海特金）

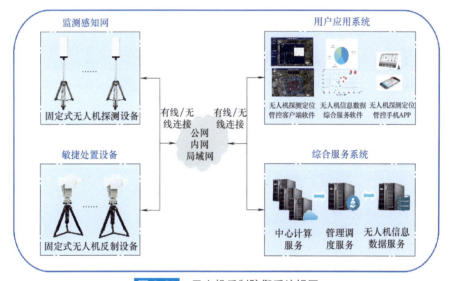

图 6-61 无人机反制防御系统组网

（图片源自：上海特金）

3. 无人机反制防御系统作业

无人机反制防御系统作业流程如图 6-62 所示。

图 6-62 无人机反制防御系统作业流程

（图片源自：上海特金）

6.7　无人机反制应用场景

无人机反制常见的应用场景有政府部门、主城区电网、民航机场、火力发电设施（图6-63）、大型天然气储气罐（图6-64）、监狱（图6-65）、大型变电站（图6-66）、核电站（图6-67）、危化危爆场地（图6-68）、部队、大型会议场地、大型比赛场地（图6-69）、高铁站、大型展馆及高端别墅区等。

图 6-63　火力发电设施

图 6-64　大型天然气储气罐

（图片源自：理工全盛）

图 6-65　监狱

图 6-66　大型变电站

（图片源自：理工全盛）

图 6-67　核电站

图 6-68　危化危爆场地

（图片源自：理工全盛）

图 6-69　大型比赛场地

（图片源自：理工全盛）

1. 主城区电网

主城区电网采用测向探测、方位跟踪及全向无人机反制的方法进行防护，如图 6-70 所示。

图 6-70　主城区电网无人机反制

（图片源自：理工全盛）

2. 民航机场

民航机场采用定位探测、视频跟踪及定向无人机反制的方法进行防护，如图 6-71 所示。

图 6-71　民航机场无人机反制

（图片源自：理工全盛）

图 6-71　民航机场无人机反制（续）

（图片源自：理工全盛）

3. 高端别墅区

高端别墅区运用手持式无人机探测、定位设备的低空防御（察打一体）方法，实施无人机反制，如图 6-72 所示。

图 6-72　低空防御（察打一体）

（图片源自：理工全盛）

4. 城市安全

城市安全可以采用城市网格管控平台的多层级一体化无人机集群反制，如图 6-73 所示。

网格化
管控平台

图 6-73　城市网格管控平台无人机集群反制

（图片源自：理工全盛）

无线电通信的诞生

1. 电磁波理论

1865 年，詹姆斯·克拉克·麦克斯韦提出了革命性的电磁波理论，预言了电磁波的存在。他通过麦克斯韦方程组（4 个基本方程：高斯定律、高斯磁定律、法拉第电磁感应定律和安培定律），简洁而深刻地描述了电荷如何产生电场，电流和时变电场如何产生磁场及时变磁场如何产生电场，将电、磁、光统归电磁场，准确地预测了电磁波的速度（$3 \times 10^8 \text{m/s}$）与光速相同，麦克斯韦方程组不仅是电磁学的基本定律，也是光学的基本定律。在纪念麦克斯韦 100 周年诞辰时，爱因斯坦盛赞了麦克斯韦，称其对于物理学做出了自牛顿时代以来的一次最深刻、最富有成效的变革。

2. 证实电磁波

1887 年，海因里希·鲁道夫·赫兹通过精心设计的实验，成为首位证实电磁波存在的科学家。他利用火花隙振荡器产生电磁波，并使用接收天线进行检测，从而验证了麦克斯韦的理论，为后来的射频天线技术指明了方向。

3. 无线电通信的诞生

在 1895 年，古列尔莫·马可尼进行了开创性的无线电通信实验，他利用改进的赫兹振荡器和天线，成功实现了无线电信号的传输，率先开启了全世界无线电通信的先河。

简答题

1. 低空探测雷达适合对什么样的无人机进行探测？

2. 低空探测雷达哪些波段适合于探测无人机？

3. 无人机反制枪适合在哪些场景使用？

4. 手持式无人机探测、定位设备适用哪些场景？

5. 固定式集无人机探测与反制为一体设备适合用在哪里？

6. 哪些地方需要设置无人机探测与反制为一体设备？

附录　无人驾驶航空器飞行管理暂行条例

第一章　总　则

第一条　为了规范无人驾驶航空器飞行以及有关活动，促进无人驾驶航空器产业健康有序发展，维护航空安全、公共安全、国家安全，制定本条例。

第二条　在中华人民共和国境内从事无人驾驶航空器飞行以及有关活动，应当遵守本条例。

本条例所称无人驾驶航空器，是指没有机载驾驶员、自备动力系统的航空器。

无人驾驶航空器按照性能指标分为微型、轻型、小型、中型和大型。

第三条　无人驾驶航空器飞行管理工作应当坚持和加强党的领导，坚持总体国家安全观，坚持安全第一、服务发展、分类管理、协同监管的原则。

第四条　国家空中交通管理领导机构统一领导全国无人驾驶航空器飞行管理工作，组织协调解决无人驾驶航空器管理工作中的重大问题。

国务院民用航空、公安、工业和信息化、市场监督管理等部门按照职责分工负责全国无人驾驶航空器有关管理工作。

县级以上地方人民政府及其有关部门按照职责分工负责本行政区域内无人驾驶航空器有关管理工作。

各级空中交通管理机构按照职责分工负责本责任区内无人驾驶航空器飞行管理工作。

第五条　国家鼓励无人驾驶航空器科研创新及其成果的推广应用，促进无人驾驶航空器与大数据、人工智能等新技术融合创新。县级以上人民政府及其有关部门应当为无人驾驶航空器科研创新及其成果的推广应用提供支持。

国家在确保安全的前提下积极创新空域供给和使用机制，完善无人驾驶航空器飞行配套基础设施和服务体系。

第六条　无人驾驶航空器有关行业协会应当通过制定、实施团体标准等方式加强行业自律，宣传无人驾驶航空器管理法律法规及有关知识，增强有关单位和人员依法开展无人驾驶航空器飞行以及有关活动的意识。

第二章　民用无人驾驶航空器及操控员管理

第七条　国务院标准化行政主管部门和国务院其他有关部门按照职责分工组织制定民用无人驾驶航空器系统的设计、生产和使用的国家标准、行业标准。

第八条　从事中型、大型民用无人驾驶航空器系统的设计、生产、进口、飞行和维修活动，应当依法向国务院民用航空主管部门申请取得适航许可。

从事微型、轻型、小型民用无人驾驶航空器系统的设计、生产、进口、飞行、维修以及组装、拼装活动，无需取得适航许可，但相关产品应当符合产品质量法律法规的有关规定以及有关强制性国家标准。

从事民用无人驾驶航空器系统的设计、生产、使用活动，应当符合国家有关实名登记激活、飞行区域限制、应急处置、网络信息安全等规定，并采取有效措施减少大气污染物和噪声排放。

第九条　民用无人驾驶航空器系统生产者应当按照国务院工业和信息化主管部门的规定为其生产的无人驾驶航空器设置唯一产品识别码。

微型、轻型、小型民用无人驾驶航空器系统的生产者应当在无人驾驶航空器机体标注产品类型以及唯一产品识别码等信息，在产品外包装显著位置标明守法运行要求和风险警示。

第十条　民用无人驾驶航空器所有者应当依法进行实名登记，具体办法由国务院民用航空主管部门会同有关部门制定。

涉及境外飞行的民用无人驾驶航空器，应当依法进行国籍登记。

第十一条　使用除微型以外的民用无人驾驶航空器从事飞行活动的单位应当具备下列条件，并向国务院民用航空主管部门或者地区民用航空管理机构（以下统称民用航空管理部门）申请取得民用无人驾驶航空器运营合格证（以下简称运营合格证）：

（一）有实施安全运营所需的管理机构、管理人员和符合本条例规定的操控人员；

（二）有符合安全运营要求的无人驾驶航空器及有关设施、设备；

（三）有实施安全运营所需的管理制度和操作规程，保证持续具备按照制度和规程实施安全运营的能力；

（四）从事经营性活动的单位，还应当为营利法人。

民用航空管理部门收到申请后，应当进行运营安全评估，根据评估结果依法作出许可或者不予许可的决定。予以许可的，颁发运营合格证；不予许可的，书面通知申请人并说明理由。

使用最大起飞重量不超过150千克的农用无人驾驶航空器在农林牧渔区域上方的适飞空域内从事农林牧渔作业飞行活动（以下称常规农用无人驾驶航空器作业飞行活动），无需取得运营合格证。

取得运营合格证后从事经营性通用航空飞行活动，以及从事常规农用无人驾驶航空器作业飞行活动，无需取得通用航空经营许可证和运行合格证。

第十二条　使用民用无人驾驶航空器从事经营性飞行活动，以及使用小型、中型、大型民用无人驾驶航空器从事非经营性飞行活动，应当依法投保责任保险。

第十三条　微型、轻型、小型民用无人驾驶航空器系统投放市场后，发现存在缺陷的，其生产者、进口商应当停止生产、销售，召回缺陷产品，并通知有关经营者、使用者停止销售、使用。生产者、进口商未依法实施召回的，由国务院市场监督管理部门依法责令召回。

中型、大型民用无人驾驶航空器系统不能持续处于适航状态的，由国务院民用航空主管部门依照有关适航管理的规定处理。

第十四条　对已经取得适航许可的民用无人驾驶航空器系统进行重大设计更改并拟将其用于飞行活动的，应当重新申请取得适航许可。

对微型、轻型、小型民用无人驾驶航空器系统进行改装的，应当符合有关强制性国家标准。民用无人驾驶航空器系统的空域保持能力、可靠被监视能力、速度或者高度等出厂性能以及参数发生改变的，其所有者应当及时在无人驾驶航空器一体化综合监管服务平台更新性能、参数信息。

改装民用无人驾驶航空器的，应当遵守改装后所属类别的管理规定。

第十五条　生产、维修、使用民用无人驾驶航空器系统，应当遵守无线电管理法律法规以及国家有关规定。但是，民用无人驾驶航空器系统使用国家无线电管理机构确定的特定无线电频率，且有关无线电发射设备取得无线电发射设备型号核准的，无需取得无线电频率使用许可和无线电台执照。

第十六条　操控小型、中型、大型民用无人驾驶航空器飞行的人员应当具备下列条件，并向国务院民用航空主管部门申请取得相应民用无人驾驶航空器操控员（以下简称操控员）执照：

（一）具备完全民事行为能力；

（二）接受安全操控培训，并经民用航空管理部门考核合格；

（三）无可能影响民用无人驾驶航空器操控行为的疾病病史，无吸毒行为记录；

（四）近 5 年内无因危害国家安全、公共安全或者侵犯公民人身权利、扰乱公共秩序的故意犯罪受到刑事处罚的记录。

从事常规农用无人驾驶航空器作业飞行活动的人员无需取得操控员执照，但应当由农用无人驾驶航空器系统生产者按照国务院民用航空、农业农村主管部门规定的内容进行培训和考核，合格后取得操作证书。

第十七条　操控微型、轻型民用无人驾驶航空器飞行的人员，无需取得操控员执照，但应当熟练掌握有关机型操作方法，了解风险警示信息和有关管理制度。

无民事行为能力人只能操控微型民用无人驾驶航空器飞行，限制民事行为能力人只能操控微型、轻型民用无人驾驶航空器飞行。无民事行为能力人操控微型民用无人驾驶航空器飞行或者限制民事行为能力人操控轻型民用无人驾驶航空器飞行，应当由符合前款规定条件的完全民事行为能力人现场指导。

操控轻型民用无人驾驶航空器在无人驾驶航空器管制空域内飞行的人员，应当具有完全民事行为能力，并按照国务院民用航空主管部门的规定经培训合格。

第三章　空域和飞行活动管理

第十八条　划设无人驾驶航空器飞行空域应当遵循统筹配置、安全高效原则，以隔离飞行为主，兼顾融合飞行需求，充分考虑飞行安全和公众利益。

划设无人驾驶航空器飞行空域应当明确水平、垂直范围和使用时间。

空中交通管理机构应当为无人驾驶航空器执行军事、警察、海关、应急管理飞行任务优先划设空域。

第十九条　国家根据需要划设无人驾驶航空器管制空域（以下简称管制空域）。

真高 120 米以上空域，空中禁区、空中限制区以及周边空域，军用航空超低空飞行空域，以及下列区域上方的空域应当划设为管制空域：

（一）机场以及周边一定范围的区域；

（二）国界线、实际控制线、边境线向我方一侧一定范围的区域；

（三）军事禁区、军事管理区、监狱场所等涉密单位以及周边一定范围的区域；

（四）重要军工设施保护区域、核设施控制区域、易燃易爆等危险品的生产和仓储区域，以及可燃重要物资的大型仓储区域；

（五）发电厂、变电站、加油（气）站、供水厂、公共交通枢纽、航电枢纽、重大水利设施、港口、高速公路、铁路电气化线路等公共基础设施以及周边一定范围的区域和饮用水水源保护区；

（六）射电天文台、卫星测控（导航）站、航空无线电导航台、雷达站等需要电磁环境特殊保护的设施以及周边一定范围的区域；

（七）重要革命纪念地、重要不可移动文物以及周边一定范围的区域；

（八）国家空中交通管理领导机构规定的其他区域。

管制空域的具体范围由各级空中交通管理机构按照国家空中交通管理领导机构的规定确定，由设区的市级以上人民政府公布，民用航空管理部门和承担相应职责的单位发布航行情报。

未经空中交通管理机构批准，不得在管制空域内实施无人驾驶航空器飞行活动。

管制空域范围以外的空域为微型、轻型、小型无人驾驶航空器的适飞空域（以下简称适飞空域）。

第二十条　遇有特殊情况，可以临时增加管制空域，由空中交通管理机构按照国家有关规定确定有关空域的水平、垂直范围和使用时间。

保障国家重大活动以及其他大型活动的，在临时增加的管制空域生效 24 小时前，由设区的市级以上地方人民政府发布公告，民用航空管理部门和承担相应职责的单位发布航行情报。

保障执行军事任务或者反恐维稳、抢险救灾、医疗救护等其他紧急任务的，在临时增加的管制空域生效 30 分钟前，由设区的市级以上地方人民政府发布紧急公告，民用航空管理部门和承担相应职责的单位发布航行情报。

第二十一条　按照国家空中交通管理领导机构的规定需要设置管制空域的地面警示标志的，设区的市级人民政府应当组织设置并加强日常巡查。

第二十二条　无人驾驶航空器通常应当与有人驾驶航空器隔离飞行。

属于下列情形之一的，经空中交通管理机构批准，可以进行融合飞行：

（一）根据任务或者飞行课目需要，警察、海关、应急管理部门辖有的无人驾驶航空器与本部门、本单位使用的有人驾驶航空器在同一空域或者同一机场区域的飞行；

（二）取得适航许可的大型无人驾驶航空器的飞行；

（三）取得适航许可的中型无人驾驶航空器不超过真高 300 米的飞行；

（四）小型无人驾驶航空器不超过真高 300 米的飞行；

（五）轻型无人驾驶航空器在适飞空域上方不超过真高 300 米的飞行。

属于下列情形之一的，进行融合飞行无需经空中交通管理机构批准：

（一）微型、轻型无人驾驶航空器在适飞空域内的飞行；

（二）常规农用无人驾驶航空器作业飞行活动。

第二十三条　国家空中交通管理领导机构统筹建设无人驾驶航空器一体化综合监管服务平台，对全国无人驾驶航空器实施动态监管与服务。

空中交通管理机构和民用航空、公安、工业和信息化等部门、单位按照职责分工采集无人驾驶航空器生产、登记、使用的有关信息，依托无人驾驶航空器一体化综合监管服务平台共享，并采取相应措施保障信息安全。

第二十四条　除微型以外的无人驾驶航空器实施飞行活动，操控人员应当确保无人驾驶航空器能够按照国家有关规定向无人驾驶航空器一体化综合监管服务平台报送识别信息。

微型、轻型、小型无人驾驶航空器在飞行过程中应当广播式自动发送识别信息。

第二十五条　组织无人驾驶航空器飞行活动的单位或者个人应当遵守有关法律法规和规章制度，主动采取事故预防措施，对飞行安全承担主体责任。

第二十六条　除本条例第三十一条另有规定外，组织无人驾驶航空器飞行活动的单位或者个人应当在拟飞行前 1 日 12 时前向空中交通管理机构提出飞行活动申请。空中交通管理机构应当在飞行前 1 日 21 时前作出批准或者不予批准的决定。

按照国家空中交通管理领导机构的规定在固定空域内实施常态飞行活动的，可以提出长期飞行活动申请，经批准后实施，并应当在拟飞行前 1 日 12 时前将飞行计划报空中交通管理机构备案。

第二十七条　无人驾驶航空器飞行活动申请应当包括下列内容：

（一）组织飞行活动的单位或者个人、操控人员信息以及有关资质证书；

（二）无人驾驶航空器的类型、数量、主要性能指标和登记管理信息；

（三）飞行任务性质和飞行方式，执行国家规定的特殊通用航空飞行任务的还应当提供有效的任务批准文件；

（四）起飞、降落和备降机场（场地）；

（五）通信联络方法；

（六）预计飞行开始、结束时刻；

（七）飞行航线、高度、速度和空域范围，进出空域方法；

（八）指挥控制链路无线电频率以及占用带宽；

（九）通信、导航和被监视能力；

（十）安装二次雷达应答机或者有关自动监视设备的，应当注明代码申请；

（十一）应急处置程序；

（十二）特殊飞行保障需求；

（十三）国家空中交通管理领导机构规定的与空域使用和飞行安全有关的其他必要信息。

第二十八条　无人驾驶航空器飞行活动申请按照下列权限批准：

（一）在飞行管制分区内飞行的，由负责该飞行管制分区的空中交通管理机构批准；

（二）超出飞行管制分区在飞行管制区内飞行的，由负责该飞行管制区的空中交通管理机构批准；

（三）超出飞行管制区飞行的，由国家空中交通管理领导机构授权的空中交通管理机构批准。

第二十九条　使用无人驾驶航空器执行反恐维稳、抢险救灾、医疗救护等紧急任务的，应当在计划起飞 30 分钟前向空中交通管理机构提出飞行活动申请。空中交通管理机构应当在起飞 10 分钟前作出批准或者不予批准的决定。执行特别紧急任务的，使用单位可以随时提出飞行活动申请。

第三十条　飞行活动已获得批准的单位或者个人组织无人驾驶航空器飞行活动的，应当在计划起飞 1 小时前向空中交通管理机构报告预计起飞时刻和准备情况，经空中交通管理机构确认后方可起飞。

第三十一条　组织无人驾驶航空器实施下列飞行活动，无需向空中交通管理机构提出飞行活动申请：

（一）微型、轻型、小型无人驾驶航空器在适飞空域内的飞行活动；

（二）常规农用无人驾驶航空器作业飞行活动；

（三）警察、海关、应急管理部门辖有的无人驾驶航空器，在其驻地、地面（水面）训练场、靶场等上方不超过真高 120 米的空域内的飞行活动；但是，需在计划起飞 1 小时前经空中交通管理机构确认后方可起飞；

（四）民用无人驾驶航空器在民用运输机场管制地带内执行巡检、勘察、校验等飞行任务；但是，需定期报空中交通管理机构备案，并在计划起飞 1 小时前经空中交通管理机构确认后方可起飞。

前款规定的飞行活动存在下列情形之一的，应当依照本条例第二十六条的规定提出飞行活动申请：

（一）通过通信基站或者互联网进行无人驾驶航空器中继飞行；

（二）运载危险品或者投放物品（常规农用无人驾驶航空器作业飞行活动除外）；

（三）飞越集会人群上空；

（四）在移动的交通工具上操控无人驾驶航空器；

（五）实施分布式操作或者集群飞行。

微型、轻型无人驾驶航空器在适飞空域内飞行的，无需取得特殊通用航空飞行任务批准文件。

第三十二条　操控无人驾驶航空器实施飞行活动，应当遵守下列行为规范：

（一）依法取得有关许可证书、证件，并在实施飞行活动时随身携带备查；

（二）实施飞行活动前做好安全飞行准备，检查无人驾驶航空器状态，并及时更新电子围栏等信息；

（三）实时掌握无人驾驶航空器飞行动态，实施需经批准的飞行活动应当与空中交通管理机构保持通信联络畅通，服从空中交通管理，飞行结束后及时报告；

（四）按照国家空中交通管理领导机构的规定保持必要的安全间隔；

（五）操控微型无人驾驶航空器的，应当保持视距内飞行；

（六）操控小型无人驾驶航空器在适飞空域内飞行的，应当遵守国家空中交通管理领导机构关于限速、通信、导航等方面的规定；

（七）在夜间或者低能见度气象条件下飞行的，应当开启灯光系统并确保其处于良好工作状态；

（八）实施超视距飞行的，应当掌握飞行空域内其他航空器的飞行动态，采取避免相撞的措施；

（九）受到酒精类饮料、麻醉剂或者其他药物影响时，不得操控无人驾驶航空器；

（十）国家空中交通管理领导机构规定的其他飞行活动行为规范。

第三十三条　操控无人驾驶航空器实施飞行活动，应当遵守下列避让规则：

（一）避让有人驾驶航空器、无动力装置的航空器以及地面、水上交通工具；

（二）单架飞行避让集群飞行；

（三）微型无人驾驶航空器避让其他无人驾驶航空器；

（四）国家空中交通管理领导机构规定的其他避让规则。

第三十四条　禁止利用无人驾驶航空器实施下列行为：

（一）违法拍摄军事设施、军工设施或者其他涉密场所；

（二）扰乱机关、团体、企业、事业单位工作秩序或者公共场所秩序；

（三）妨碍国家机关工作人员依法执行职务；

（四）投放含有违反法律法规规定内容的宣传品或者其他物品；

（五）危及公共设施、单位或者个人财产安全；

（六）危及他人生命健康，非法采集信息，或者侵犯他人其他人身权益；

（七）非法获取、泄露国家秘密，或者违法向境外提供数据信息；

（八）法律法规禁止的其他行为。

第三十五条　使用民用无人驾驶航空器从事测绘活动的单位依法取得测绘资质证书后，方可从事测绘活动。

外国无人驾驶航空器或者由外国人员操控的无人驾驶航空器不得在我国境内实施测绘、电波参数测试等飞行活动。

第三十六条　模型航空器应当在空中交通管理机构为航空飞行营地划定的空域内飞行，但国家空中交通管理领导机构另有规定的除外。

第四章　监督管理和应急处置

第三十七条　国家空中交通管理领导机构应当组织有关部门、单位在无人驾驶航空器一体化综合监管服务平台上向社会公布审批事项、申请办理流程、受理单位、联系方式、举报受理方式等信息并及时更新。

第三十八条　任何单位或者个人发现违反本条例规定行为的，可以向空中交通管理机构、民用航空管理部门或者当地公安机关举报。收到举报的部门、单位应当及时依法作出处理；不属于本部门、本单位职责的，应当及时移送有权处理的部门、单位。

第三十九条　空中交通管理机构、民用航空管理部门以及县级以上公安机关应当制定有关无人驾驶航空器飞行安全管理的应急预案，定期演练，提高应急处置能力。

县级以上地方人民政府应当将无人驾驶航空器安全应急管理纳入突发事件应急管理

体系，健全信息互通、协同配合的应急处置工作机制。

无人驾驶航空器系统的设计者、生产者，应当确保无人驾驶航空器具备紧急避让、降落等应急处置功能，避免或者减轻无人驾驶航空器发生事故时对生命财产的损害。

使用无人驾驶航空器的单位或者个人应当按照有关规定，制定飞行紧急情况处置预案，落实风险防范措施，及时消除安全隐患。

第四十条 无人驾驶航空器飞行发生异常情况时，组织飞行活动的单位或者个人应当及时处置，服从空中交通管理机构的指令；导致发生飞行安全问题的，组织飞行活动的单位或者个人还应当在无人驾驶航空器降落后 24 小时内向空中交通管理机构报告有关情况。

第四十一条 对空中不明情况和无人驾驶航空器违规飞行，公安机关在条件有利时可以对低空目标实施先期处置，并负责违规飞行无人驾驶航空器落地后的现场处置。有关军事机关、公安机关、国家安全机关等单位按职责分工组织查证处置，民用航空管理等其他有关部门应当予以配合。

第四十二条 无人驾驶航空器违反飞行管理规定、扰乱公共秩序或者危及公共安全的，空中交通管理机构、民用航空管理部门和公安机关可以依法采取必要技术防控、扣押有关物品、责令停止飞行、查封违法活动场所等紧急处置措施。

第四十三条 军队、警察以及按照国家反恐怖主义工作领导机构有关规定由公安机关授权的高风险反恐怖重点目标管理单位，可以依法配备无人驾驶航空器反制设备，在公安机关或者有关军事机关的指导监督下从严控制设置和使用。

无人驾驶航空器反制设备配备、设置、使用以及授权管理办法，由国务院工业和信息化、公安、国家安全、市场监督管理部门会同国务院有关部门、有关军事机关制定。

任何单位或者个人不得非法拥有、使用无人驾驶航空器反制设备。

第五章 法 律 责 任

第四十四条 违反本条例规定，从事中型、大型民用无人驾驶航空器系统的设计、生产、进口、飞行和维修活动，未依法取得适航许可的，由民用航空管理部门责令停止有关活动，没收违法所得，并处无人驾驶航空器系统货值金额 1 倍以上 5 倍以下的罚款；情节严重的，责令停业整顿。

第四十五条 违反本条例规定，民用无人驾驶航空器系统生产者未按照国务院工业和信息化主管部门的规定为其生产的无人驾驶航空器设置唯一产品识别码的，由县级以上人民政府工业和信息化主管部门责令改正，没收违法所得，并处 3 万元以上 30 万元以下的罚款；拒不改正的，责令停业整顿。

第四十六条 违反本条例规定，对已经取得适航许可的民用无人驾驶航空器系统进行重大设计更改，未重新申请取得适航许可并将其用于飞行活动的，由民用航空管理部门责令改正，处无人驾驶航空器系统货值金额 1 倍以上 5 倍以下的罚款。

违反本条例规定，改变微型、轻型、小型民用无人驾驶航空器系统的空域保持能力、可靠被监视能力、速度或者高度等出厂性能以及参数，未及时在无人驾驶航空器一体化综合监管服务平台更新性能、参数信息的，由民用航空管理部门责令改正；拒不改正的，处 2000 元以上 2 万元以下的罚款。

第四十七条　违反本条例规定，民用无人驾驶航空器未经实名登记实施飞行活动的，由公安机关责令改正，可以处 200 元以下的罚款；情节严重的，处 2000 元以上 2 万元以下的罚款。

违反本条例规定，涉及境外飞行的民用无人驾驶航空器未依法进行国籍登记的，由民用航空管理部门责令改正，处 1 万元以上 10 万元以下的罚款。

第四十八条　违反本条例规定，民用无人驾驶航空器未依法投保责任保险的，由民用航空管理部门责令改正，处 2000 元以上 2 万元以下的罚款；情节严重的，责令从事飞行活动的单位停业整顿直至吊销其运营合格证。

第四十九条　违反本条例规定，未取得运营合格证或者违反运营合格证的要求实施飞行活动的，由民用航空管理部门责令改正，处 5 万元以上 50 万元以下的罚款；情节严重的，责令停业整顿直至吊销其运营合格证。

第五十条　无民事行为能力人、限制民事行为能力人违反本条例规定操控民用无人驾驶航空器飞行的，由公安机关对其监护人处 500 元以上 5000 元以下的罚款；情节严重的，没收实施违规飞行的无人驾驶航空器。

违反本条例规定，未取得操控员执照操控民用无人驾驶航空器飞行的，由民用航空管理部门处 5000 元以上 5 万元以下的罚款；情节严重的，处 1 万元以上 10 万元以下的罚款。

违反本条例规定，超出操控员执照载明范围操控民用无人驾驶航空器飞行的，由民用航空管理部门处 2000 元以上 2 万元以下的罚款，并处暂扣操控员执照 6 个月至 12 个月；情节严重的，吊销其操控员执照，2 年内不受理其操控员执照申请。

违反本条例规定，未取得操作证书从事常规农用无人驾驶航空器作业飞行活动的，由县级以上地方人民政府农业农村主管部门责令停止作业，并处 1000 元以上 1 万元以下的罚款。

第五十一条　组织飞行活动的单位或者个人违反本条例第三十二条、第三十三条规定的，由民用航空管理部门责令改正，可以处 1 万元以下的罚款；拒不改正的，处 1 万元以上 5 万元以下的罚款，并处暂扣运营合格证、操控员执照 1 个月至 3 个月；情节严重的，由空中交通管理机构责令停止飞行 6 个月至 12 个月，由民用航空管理部门处 5 万元以上 10 万元以下的罚款，并可以吊销相应许可证件，2 年内不受理其相应许可申请。

违反本条例规定，未经批准操控微型、轻型、小型民用无人驾驶航空器在管制空域内飞行，或者操控模型航空器在空中交通管理机构划定的空域外飞行的，由公安机关责令停止飞行，可以处 500 元以下的罚款；情节严重的，没收实施违规飞行的无人驾驶航空器，并处 1000 元以上 1 万元以下的罚款。

第五十二条　违反本条例规定，非法拥有、使用无人驾驶航空器反制设备的，由无线电管理机构、公安机关按照职责分工予以没收，可以处 5 万元以下的罚款；情节严重的，处 5 万元以上 20 万元以下的罚款。

第五十三条　违反本条例规定，外国无人驾驶航空器或者由外国人员操控的无人驾驶航空器在我国境内实施测绘飞行活动的，由县级以上人民政府测绘地理信息主管部门责令停止违法行为，没收违法所得、测绘成果和实施违规飞行的无人驾驶航空器，并处

10 万元以上 50 万元以下的罚款；情节严重的，并处 50 万元以上 100 万元以下的罚款，由公安机关、国家安全机关按照职责分工决定限期出境或者驱逐出境。

第五十四条　生产、改装、组装、拼装、销售和召回微型、轻型、小型民用无人驾驶航空器系统，违反产品质量或者标准化管理等有关法律法规的，由县级以上人民政府市场监督管理部门依法处罚。

除根据本条例第十五条的规定无需取得无线电频率使用许可和无线电台执照的情形以外，生产、维修、使用民用无人驾驶航空器系统，违反无线电管理法律法规以及国家有关规定的，由无线电管理机构依法处罚。

无人驾驶航空器飞行活动违反军事设施保护法律法规的，依照有关法律法规的规定执行。

第五十五条　违反本条例规定，有关部门、单位及其工作人员在无人驾驶航空器飞行以及有关活动的管理工作中滥用职权、玩忽职守、徇私舞弊或者有其他违法行为的，依法给予处分。

第五十六条　违反本条例规定，构成违反治安管理行为的，由公安机关依法给予治安管理处罚；构成犯罪的，依法追究刑事责任；造成人身、财产或者其他损害的，依法承担民事责任。

第六章　附　　则

第五十七条　在我国管辖的其他空域内实施无人驾驶航空器飞行活动，应当遵守本条例的有关规定。

无人驾驶航空器在室内飞行不适用本条例。

自备动力系统的飞行玩具适用本条例的有关规定，具体办法由国务院工业和信息化主管部门、有关空中交通管理机构会同国务院公安、民用航空主管部门制定。

第五十八条　无人驾驶航空器飞行以及有关活动，本条例没有规定的，适用《中华人民共和国民用航空法》《中华人民共和国飞行基本规则》《通用航空飞行管制条例》以及有关法律、行政法规。

第五十九条　军用无人驾驶航空器的管理，国务院、中央军事委员会另有规定的，适用其规定。

警察、海关、应急管理部门辖有的无人驾驶航空器的适航、登记、操控员等事项的管理办法，由国务院有关部门另行制定。

第六十条　模型航空器的分类、生产、登记、操控人员、航空飞行营地等事项的管理办法，由国务院体育主管部门会同有关空中交通管理机构，国务院工业和信息化、公安、民用航空主管部门另行制定。

第六十一条　本条例施行前生产的民用无人驾驶航空器不能按照国家有关规定自动向无人驾驶航空器一体化综合监管服务平台报送识别信息的，实施飞行活动应当依照本条例的规定向空中交通管理机构提出飞行活动申请，经批准后方可飞行。

第六十二条　本条例下列用语的含义：

（一）空中交通管理机构，是指军队和民用航空管理部门内负责有关责任区空中交通管理的机构。

（二）微型无人驾驶航空器，是指空机重量小于 0.25 千克，最大飞行真高不超过 50 米，最大平飞速度不超过 40 千米 / 小时，无线电发射设备符合微功率短距离技术要求，全程可以随时人工介入操控的无人驾驶航空器。

（三）轻型无人驾驶航空器，是指空机重量不超过 4 千克且最大起飞重量不超过 7 千克，最大平飞速度不超过 100 千米 / 小时，具备符合空域管理要求的空域保持能力和可靠被监视能力，全程可以随时人工介入操控的无人驾驶航空器，但不包括微型无人驾驶航空器。

（四）小型无人驾驶航空器，是指空机重量不超过 15 千克且最大起飞重量不超过 25 千克，具备符合空域管理要求的空域保持能力和可靠被监视能力，全程可以随时人工介入操控的无人驾驶航空器，但不包括微型、轻型无人驾驶航空器。

（五）中型无人驾驶航空器，是指最大起飞重量不超过 150 千克的无人驾驶航空器，但不包括微型、轻型、小型无人驾驶航空器。

（六）大型无人驾驶航空器，是指最大起飞重量超过 150 千克的无人驾驶航空器。

（七）无人驾驶航空器系统，是指无人驾驶航空器以及与其有关的遥控台（站）、任务载荷和控制链路等组成的系统。其中，遥控台（站）是指遥控无人驾驶航空器的各种操控设备（手段）以及有关系统组成的整体。

（八）农用无人驾驶航空器，是指最大飞行真高不超过 30 米，最大平飞速度不超过 50 千米 / 小时，最大飞行半径不超过 2000 米，具备空域保持能力和可靠被监视能力，专门用于植保、播种、投饵等农林牧渔作业，全程可以随时人工介入操控的无人驾驶航空器。

（九）隔离飞行，是指无人驾驶航空器与有人驾驶航空器不同时在同一空域内的飞行。

（十）融合飞行，是指无人驾驶航空器与有人驾驶航空器同时在同一空域内的飞行。

（十一）分布式操作，是指把无人驾驶航空器系统操作分解为多个子业务，部署在多个站点或者终端进行协同操作的模式。

（十二）集群，是指采用具备多台无人驾驶航空器操控能力的同一系统或者平台，为了处理同一任务，以各无人驾驶航空器操控数据互联协同处理为特征，在同一时间内并行操控多台无人驾驶航空器以相对物理集中的方式进行飞行的无人驾驶航空器运行模式。

（十三）模型航空器，也称航空模型，是指有尺寸和重量限制，不能载人，不具有高度保持和位置保持飞行功能的无人驾驶航空器，包括自由飞、线控、直接目视视距内人工不间断遥控、借助第一视角人工不间断遥控的模型航空器等。

（十四）无人驾驶航空器反制设备，是指专门用于防控无人驾驶航空器违规飞行，具有干扰、截控、捕获、摧毁等功能的设备。

（十五）空域保持能力，是指通过电子围栏等技术措施控制无人驾驶航空器的高度与水平范围的能力。

　　第六十三条　本条例自 2024 年 1 月 1 日起施行。

参 考 文 献

［1］贾恒旦，杨升平.无人机技术概论［M］.2 版.北京：机械工业出版社，2024.

［2］贾恒旦，杨刚.无人机装调检修技术与人工智能应用［M］.北京：机械工业出版社，2022.

［3］陆文斌.低空小型无人飞行器探测反制技术及应用［M］.上海：上海科学技术出版社，2023.

［4］束哲，刘芳，徐海洋，等.世界典型反无人机装备发展研究［M］.北京：北京航空航天大学出版社，2023.

［5］沈威力.无人机飞行安全与管理［M］.北京：机械工业出版社，2024.